园林绿化工程施工与养护研究

赵玉霞　李学明　李加强　著

吉林科学技术出版社

图书在版编目（CIP）数据

园林绿化工程施工与养护研究 / 赵玉霞，李学明，
李加强著．-- 长春：吉林科学技术出版社，2022.11
ISBN 978-7-5578-9945-5

Ⅰ．①园… Ⅱ．①赵… ②李… ③李… Ⅲ．①园林－
绿化－工程施工－研究②园林植物－园艺管理－研究
Ⅳ．① TU986.3 ② S688.05

中国版本图书馆 CIP 数据核字（2022）第 206722 号

园林绿化工程施工与养护研究

著	赵玉霞 李学明 李加强
出 版 人	宛 霞
责任编辑	赵海娇
封面设计	树人教育
制 版	树人教育
幅面尺寸	185mm×260mm
字 数	210 千字
印 张	9.75
印 数	1-1500 册
版 次	2022年11月第1版
印 次	2023年3月第1次印刷

出 版	吉林科学技术出版社
发 行	吉林科学技术出版社
地 址	长春市福祉大路5788号
邮 编	130118
发行部电话/传真	0431-81629529 81629530 81629531
	81629532 81629533 81629534
储运部电话	0431-86059116
编辑部电话	0431-81629518
印 刷	三河市嵩川印刷有限公司

书 号	ISBN 978-7-5578-9945-5
定 价	80.00元

前　言

　　随着城市化进程不断深入，积极做好园林绿化工程施工与养护已经成为当前的关键所在，且作为实践性比较强的工作，需要从本质上出发，综合分析与研究，多方面探讨，分析园林绿化工程施工的有效对策及养护管理策略，如此一来才能真正推动园林绿化工程的有效发展与创新变革。

　　园林建设即是利用现代工程技术手段和艺术形式改造地形，通过种植花草、合理布局以及营造建筑的形式构建的园林绿化工程。随着我国城市化进程的不断加快，园林绿化工程施工与养护管理也成了其中的关键内容，但是其涉及的内容比较复杂，需要通过多角度、多层次的研究与分析，才可以充分发挥其施工与养护管理的有效性，体现出园林绿化工程的价值与作用。

　　园林绿化工程是一门新兴的环境工程，其施工与养护管理工作比较复杂且系统性极强。目前我国的园林绿化工程施工和养护管理工作还存在一定的不足，应根据实际情况，采取有效措施，提升施工与养护管理工作的效率，提升植物的成活率，并确保其健康生长，从而为城市居民提供良好的休闲娱乐场所。

　　本书通过对园林绿化工程的探究分析，针对园林绿化维护等方面的问题，提出合理的管理办法和有效的措施，规避园林绿化工程中的风险与危害。

目 录

第一章 园林绿化工程基础 ·································· 1

    第一节 园林绿化工程施工图识读 ·················· 1

    第二节 园林绿化工程施工组织设计 ·················· 6

第二章 园林绿化维护 ·································· 14

    第一节 工作内容和要求 ·························· 14

    第二节 常见问题及处理方法 ························ 16

    第三节 安全管理 ······························ 35

第三章 园林绿化栽植与施工 ························ 43

    第一节 园林绿化施工概述 ·························· 43

    第二节 园林树木栽植施工技术 ······················ 47

第四章 园林绿化养护管理 ························ 55

    第一节 园林植物的土壤管理 ························ 55

    第二节 园林植物的灌排水管理 ······················ 62

    第三节 园林植物的养分管理 ························ 68

    第四节 园林植物的其他养护管理 ···················· 77

    第五节 园林植物的保护和修补 ······················ 83

第五章 园林树木的养护管理 ························ 87

    第一节 灌溉与排水 ···························· 87

    第二节 施肥管理 ······························ 92

    第三节 土壤管理 ···························· 103

    第四节 整形修剪 ···························· 112

第五节　园林树木病虫害防治 ……………………………… 128

结　语 ……………………………………………………… 145

参考文献 …………………………………………………… 146

第一章　园林绿化工程基础

园林绿化工程是一个较为长期的城市工程，其主体是植物，由于植物需要进行种植以及长期的保养，那么这一工程的战线就会拉长。所以针对这一形势，我们在进行园林工程的施工管理工作中，应当要求所有施工单位都必须了解园林绿化工程项目的原理以及其重要的意义，包括对植物工程方面的施工保养的经验，这样才能从源头上提升园林绿化工程的质量，才有助于建设出高质量且美观的园林绿化工程，才能够使城市的美化程度再上一个台阶。基于此，本章就针对园林绿化工程进行具体分析，在建设工程项目中，园林绿化及养护管理扮演着非常重要的角色。因此，应加大对园林工程绿化及养护，提升园林绿化的应用水平，只有这样，园林工程绿化和养护管理才会更高效和现代化。

第一节　园林绿化工程施工图识读

一、园林总平面图的识读内容

1. 用地周边环境

标明设计地段所处的位置，在环境图中标注出设计地段的位置、所处的环境、周边的用地情况、交通道路情况、景观条件等。

2. 设计红线

标明设计用地的范围，用红色粗双点画线标出，即规划红线范围。

3. 各种造园要素

标明景区景点的设置、景区出入口的位置、园林植物建筑和园林小品、水体水面、道路广场、山石等造园要素的种类和位置以及地下设施外轮廓线，对原有地形、地貌等自然状况的改造和新的规划设计标高、高程及城市坐标。

4. 标注定位尺寸或坐标网

（1）尺寸标注

以图中某一原有景物为参照物，标注新设计的主要景物和该参照物之间的相对距离。它一般适用于设计范围较小、内容相对较少的项目的设计。

（2）坐标网标注

坐标网以直角坐标的形式进行定位，有建筑坐标网及测量坐标网两种形式。建筑坐标网是以某一点为"零"点（一般为原有建筑的转角或原有道路的边线等），并以水平方向为 B 轴、垂直方向为 A 轴，按一定距离绘制出方格网，是园林设计图常用的定位形式。如对自然式园路、园林植物种植应以直角坐标网格作为控制依据。测量坐标网是根据测量基准点的坐标来确定方格网的坐标，并以水平方向为 Y 轴、垂直方向为 X 轴，按一定距离绘制出方格网。坐标网均用细实线绘制，常用 2m×2m~10m×10m 的网格绘制。

5. 标题

标题除了起到标示、说明设计项目及设计图纸的名称作用之外，还具有一定的装饰效果，以增强图面的观赏效果。标题通常采用美术字。标题应该注意与图纸总体风格相协调。

二、园林植物配置图的识读内容

1. 苗木表

通常在图面上适当位置用列表的方式绘制苗木统计表，具体统计并详细说明涉及植物的编号、图例、种类、规格（包括树干直径、高度或冠幅）和数量等。

2. 施工说明

对植物选苗、栽植和养护过程中需要注意的问题进行说明。

3. 植物种植位置

通过不同图例区分植物种类。

4. 植物种植点的定位尺寸

种植位置用坐标网格进行控制，如自然式种植设计图；或可直接在图样上用具体尺寸标出株间距、行间距及端点植物与参照物之间的距离，如规则式种植设计图。

5. 施工放样图和剖、断面图

某些有着特殊要求的植物景观还需给出这一景观的施工放样图和剖、断面图。园林植物种植设计图是组织种植施工、编制预算、养护管理及工程施工监理和验收的重要依据，它应能准确表达出种植设计的内容和意图，并且对施工组织、施工管理以及后期的养护都起到很大的作用。

（一）园林建筑施工图的识读内容

1. 园林建筑平面图的识读内容

园林建筑平面图是指经水平剖切平面沿建筑窗台以上部位（对于没有门窗的建筑，则沿支撑柱的部位）剖切后画出的水平投影图。当图纸比例较小，或为坡屋顶或曲面屋顶的建筑时，通常也可只画出其水平投影图（屋顶平面图）。园林建筑平面图用来表达园林建筑在水平方向的各部分构造情况，主要内容概括如下：

（1）图名、比例、定位轴线和指北针。

（2）建筑的形状、内部布置和水平尺寸。

（3）墙、柱的断面形状、结构和大小。

（4）门窗的位置、编号，门的开启方向。

（5）楼梯梯段的形状，梯段的走向和级数。

（6）表明有关设备如卫生设备、台阶、雨篷、水管等的位置。

（7）地面、露面、楼梯平台面的标高。

（8）剖面图的剖切位置和详图索引标志。

2. 园林建筑立面图的识读内容

园林建筑的立面图是根据投影原理绘制的正投影图，相当于三面正投影图中的 V 面投影或 W 面投影。在进行设计构思时，通常需要表达园林建筑的立体空间，这就需要展现其效果图。但由于施工的需要，只有通过剖、立面图才能更加清楚地显示垂直元素细部及其与水平形状之间的关系，立面图是达到这个目的的有效工具。

建筑的四个立面可按朝向称为东立面图、西立面图、南立面图和北立面图；也可以把园林建筑的主要出口或反映房屋外貌主要特征的立面图称为正立面图，从而确定背立面图和侧立面图。建筑立面图用于表达房屋的外形和装饰，主要内容概括如下：

（1）表明图名、比例、两端的定位轴线；

（2）表明房屋的外形及门窗、台阶、雨篷、阳台、雨水管等位置和形状；

（3）表明标高和必需的局部尺寸；

（4）表明外墙装饰的材料和做法；

（5）标注详图索引符号。

3. 园林建筑结构图的识读内容

具体内容见表1-1。

表1-1　园林绿化工程基础

项目	内容
基础平面图	基础平面图主要表示基础的平面布局，墙柱与轴线的关系。基础平面图的内容如下： （1）图名、图号、比例、文字说明。 （2）基础平面布置，即基础墙。构造柱、承重柱以及基础底面的形状、大小及其与轴线的相对位置关系，标注轴线尺寸、基础大小尺寸和定位尺寸。 （3）基础梁（图梁）的位置及其代号。 （4）基础断面图的创切线及编号或注写基础代号。 （5）基础地面标高有变化时，应在基础平面图对应部位的附近标出，表示基底标高发生了变化，并标注相应基底的标高。 （6）在基础平面图上，应绘制与建筑平面相一致的定位轴。标注相同的轴向尺寸及编号。此外，还应注出基础的定型尺寸和定位尺寸。 （7）线型。在基础平面图中，被剖切到基础墙的轮廓用粗实线，基础底部宽度用细实线，地沟为暗沟时用细虚线。图中材料的图例线与建筑平面图的线型一致。
基础详图的表达内容	基础详图一般用平面图和剖面图表示，采用1:20的比例绘制，主要表示基础与轴线的关系。一般将两个或两个以上的编号的基础平面图绘制成一个平面图，但是要把不同的内容表示清楚以便区分。独立柱基础的剖切位置一般选择在基础的对称线上，投影方向一般选择从前向后投影。 基础详图图示的内容。 （1）图名（或基础代号）、比例、文字说明。 （2）基础断面图中轴线及其编号（若为通用断面图，则轴线四围内不予编号）。 （3）基础断面形状、大小、材料以及配筋。 （4）基础梁和基础圈梁的截面尺寸及配筋。 （5）基础圈梁与构造柱的连接做法。 （6）基础断面的详细尺寸和室内外地面。基础垫层底面的标高。 （7）防潮层的位置和做法

（二）园林工程图的识读内容

1. 竖向设计图的识读内容

竖向设计指的是在场地中进行垂直于水平方向的布置和处理，也就是地形高程设计，对于园林工程项目地形设计应包括地形塑造，山水布局，园路、广场等铺装的标高和坡度以及地表排水组织。竖向设计不仅影响到最终的景观效果，还影响到地表排水的组织、施工的难易程度、工程造价等多个方面，此外，竖向设计图还是给水排水专业施工图绘制的条件图。竖向设计图的内容如下：

（1）除园林植物及道路铺装细节以外的所有园林建筑、山石、水体及其小品等造园素材的形状和位置。

（2）现状与原地形标高，地形等高线、设计等高线的等高距一般取 0.25~0.5m，当地形较复杂时，需要绘制地形等高线放样网格。设计地形等高线用实线绘制，现状地形等高线用虚线绘制。

（3）最高点或者某特殊点的位置和标高。

（4）地形的汇水线和分水线，或用坡向箭头标明设计地面坡向，指明地表排水方向、排水的坡度等。

（5）指北针、图例、比例、文字说明、图名。文字说明中应包括标注单位、绘图比例、高程系统的名称、补充图例等。

（6）绘制重点地区、坡度变化复杂的地段的地形断面图，并标注标高、比例尺等。

2. 给水排水平面布置图的识读内容

（1）建筑物、构筑物及各种附属设施

厂区或小区内的各种建筑物、构筑物、道路、广场、绿地、围墙等，均按建筑总平面的图例根据其相对位置关系用细实线绘出其外形轮廓线。多层或高层建筑在左上角用小黑点数表示其层数，用文字注明各部分的名称。

（2）管线及附属设施

厂区或小区内各种类型的管线是本图表述的重点内容，以不同类型的线型表达相应的管线，并标注相关尺寸，以满足水平定位要求。水表井、检查井、消火栓、化粪池等附属设备的布置情况以专用图例绘出，并标注其位置。

3. 给水排水管道纵断面图的识读内容

（1）原始地形、地貌与原有管道、其他设施给水及排水管道纵断面图中，应标注原始地平线、设计地面线道路、铁路、排水沟河谷及与本管道相关的各种地下管道、地沟、电缆沟等的相对距离和各自的标高。

（2）绘出管线纵断面以及与之相关的设计地面、构筑物、建筑物，并进行编号。标明管道结构（管材、接口形式、基础形式）、管线长度、坡度与坡向、地面标高、管线标高（重力流标注内底、压力流标注管道中心线）、管道埋深以及交叉管线的性质、大小与位置。

（3）标高标尺

一般在图的左前方绘制标高标尺，表达地面与管线等的标高及其变化情况。

第二节　园林绿化工程施工组织设计

一、园林绿化工程施工组织设计的基本内容

1. 施工组织设计的基本内容见表 1-2

表1-2　施工组织设计的基本内容

项目	内容
工程概况	（1）本项目的性质、规模、地点、结构特点、期限、分批交付使用的条件、合同条件 （2）本地区地形、地质、水文和气象情况 （3）劳动力、机具、材料、构件等资源供应情况 （4）施工环境及施工条件等
施工部署及施工方案	（1）根据工程情况，结合人力、材料、机械设备、资金、施工方法等条件，全面部署施工任务，合理安排施工顺序，确定主要工程的施工方案 （2）对拟建工程可能采用的几个施工方案进行定性定量分析，通过技术经济评价，选择最佳方案
施工进度计划	（1）施工进度计划反映了最佳施工方案在时间上的安排。采用计划形式，使工期成本、资源等达到优化配置，符合项目目标的要求 （2）使工序有序进行，使工期成本、资源等通过优化调整达到既定目标，在此基础上编制相应的人力和时间安排计划、资源需求计划和施工准备计划
施工平面图	施工平面图是施工方案及施工进度计划在空间上的全面安排。它把投入的各种资源合理地布置在施工现场，使整个现场能有组织地进行文明施工
主要技术经济指标	技术经济指标用以衡量组织施工的水平，它是对施工组织设计进行的经济效益方面的评价

2. 园林工程施工组织设计的编制原则

（1）重视工程的组织对施工的作用；

（2）提高施工的工业化程度；

（3）重视管理创新和技术创新；

（4）重视工程施工的目标控制；

（5）积极采用国内外先进的施工技术；

（6）充分利用时间和空间，合理安排施工顺序，提高施工的连续性和均衡性；

（7）合理部署施工现场，实现文明施工。

3. 园林工程施工组织总设计的编制程序

（1）收集和熟悉编制施工组织总设计所需的有关资料和图纸，进行项目特点和施工条件的调查研究；

（2）计算主要工种的工程量；

（3）做好施工的总体部署；

（4）拟订施工方案；

（5）编制施工总进度计划；

（6）编制资源需求量计划；

（7）编制施工准备工作计划；

（8）施工总平面图设计；

（9）计算主要技术经济指标。

应该指出，以上顺序中有些顺序必须这样，不可逆转，这是因为：

（1）拟订施工方案后才可编制施工总进度计划（因为进度的安排取决于施工的方案）；

（2）编制施工总进度计划后才可编制资源需求量计划（因为资源需求量计划要反映各种资源在时间上的需求）。

4. 园林工程施工组织设计的编制依据

园林工程施工组织设计包括施工组织总设计和单位工程施工组织设计，其编制依据见表1-3。

表1-3　园林工程施工组织设计的编制依据

项目	编制依据
施工组织总设计的编制依据	（1）计划文件 （2）设计文件 （3）合同文件 （4）地区基础资料 （5）有关的标准、规范和法律 （6）类似园林工程的资料和经验
单位工程施工组织设计的编制依据	（1）单位的意图和要求，如工期、质量、预算要求等 （2）工程的施工图纸及标准图 （3）施工组织总设计对本单位工程的工期、质量和成本的控制要求 （4）资源配置情况 （5）建筑环境场地条件及地质气象资料，如工程地质勘测报告、地形图和测量控制等 （6）有关的标准、规范和法律 （7）有关技术新成果和类似园林工程的资料和经验

5. 案例：

编号：×××。工程名称：××工程。交底日期：××年×月×日。施工单位：××建筑公司。

（1）工程概况

1）某校新校区景观工程位于某经济技术开发区城南大道以北、湖东路以西地块，总用地面积31.1万㎡，其中硬质铺装约为2.2万㎡，水体景观面积约为0.27万㎡，绿化景观面积约为28.13万㎡。

2）景观内广场由中心广场入口广场和校前广场等三大广场组成，主要景点有紫襟园、渔人码头、师生桥、码头景观平台、停车场彩色道板砖及嵌草砖铺面等。建成后将成为集学习和休闲为一体的自然生态景观。

3）本工程由某大学附属中学投资，某装饰园林工程有限公司设计。

4）工程特点：本工程占地面积大，景点多；局部工艺要求复杂，施工工期较短；土方造型线条流畅结合自然。

（2）施工布置

根据本工程初步了解的信息及施工现场情况，结合本公司以往的施工经验和工作能力，制订本工程的施工计划。

1）布置原则。加强施工过程中的动态管理，合理安排施工机械以及设备和劳动力的投入。在确保每道工序质量的前提下，抢时间争速度，科学地组织流水和交叉作业。严格劳动纪律，严格控制关键工序施工工期，确保按期、优质、高效地完成工程施工任务。

2）为确保施工的顺利进行，保证工程质量，成立某附中校区园林景观工程项目部，负责本工程的总体管理。运用现代化管理手段，统一协调各分部分项施工，确保工程质量和施工进度。

（3）工程质量

1）质量是企业的生命，公司一贯坚持质量第一的方针。在该工程的施工管理目标上，严格按各道工序进行操作把握好工程质量关。在严格自检、互检、交接检的基础上，虚心听取监理等部门的意见，接受他们对各项工程施工的质量监督，确保工程质量优良。

2）安全施工

①施工期确保安全事故为零；

②严格执行相关标准，加强对安全生产的领导检查，对工程项目部的安全生产状况进行严格的检查。

3）施工人员的安排与配备

根据以往的施工经验，考虑劳务外包为承建制劳务业施工队伍，故要求施工队伍有熟练的施工人员，技术特种作业人员必须持证上岗。

（4）施工准备

施工现场准备。

1）搭设活动房四间作为项目部办公用房、活动房五间及砖固房四间作为职工宿舍。书写标语及工程概况等相关信息，搭设由库房一间，作为工具、用具及零星材料堆放处。

2）用挖掘机在现场挖排水沟，确保施工现场内无积水，水流向低洼地集中排放。

3）复核和引测建设方提供的永久性全标及高程控制点，测设施工现场控制网，布置控制桩，复核无误后用混凝土加以固定保护，并插入旗帜明示，以免被破坏。

4）按照提供的施工图纸计算工程量，根据计算结果有计划地组织机械设备和材料进场，堆放于指定地点。

5）施工用电设置总配电箱。设总配电箱、二级配电箱，所有的配电箱均使用标准电表箱。

施工机械准备：按照施工机械需用量计划落实。

建筑材料准备。

①根据图纸设计要求提供小样，经业主、设计方确认后方可进行采购。

②本工程所用的大部分材料均从公司稳定的供应商中选购，或业主指定的产地购买。所有材料在进场前制订出详细的材料采购计划。

劳动力组织计划的准备。

1）按照既定的现场管理组织机构配足管理人员，同时制定管理制度。

2）进场施工人员必须进行入场教育，包括公司及项目部管理制度的学习、安全知识教育、基本施工规程的学习等。

（5）技术准备

1）熟悉施工图纸，积极与设计院联络，力求将图纸中的问题解决在施工之前。

2）编制和审定施工组织设计及施工图预算，为工程开工做准备。

3）提出机械、构件加工、材料和外委托加工计划，保证工期进度。

4）根据设计要求和业主需要，绘制施工大样图。

5）根据预算提出的劳动力计划，做到组织落实，保证施工要求。

二、主要分部、分项工程的施工方法

1.工程测量

（1）为了保证本工程的平面位置和几何尺寸符合图纸设计要求，并达到优良标准，对平面及高程控制要求如下：由项目副经理组织负责平面坐标及高程传递，项目施工员负责施工现场平面定位放线及 BM 点标高测量，公司技术质量部门负责平面坐标及高程的设控验收。

（2）轴线控制。根据建设方提供的坐标控制点，根据图纸设计方格网上坐标在施工区域范围内测设纵、横两道主控制线，设置控制桩，并用混凝土加以保护定位，然后用经纬仪根据控制桩测设全场方格网。

（3）放灰线：根据设计施工总平面图，用石灰粉在施工区域内以 10m×10m 为方格撒出方格网，定出工作业面。

（4）BM 点高程测设：根据建设方提供的高程控制点，用水准仪引测高程，并将方格网上每个角点的高程测设标注到绘制的测设图上，用以计算土方工程量。

（5）土方标高控制：根据设计高程和测设标高，计算出挖土深度、用水准仪及标尺控制挖土深度。

2. 中心广场

为圆形台阶状硬质铺装，间以绿地分隔。按照设计院要求测设出绿地分隔线。根据设计标高支模浇筑钢筋混凝土泥墙，然后采取边回填土边施工台阶基层的做法确保工期和成品保护。

3. 入口广场

位于师生桥东西两侧，地面为硬质铺装，两侧各设 8 个树池，采用 300×100×150 花岗石，西侧布置有怀念景观（老槐树、挂钟、石头）。北侧布置有校训、卧石雕，配以隆起绿地。

4. 校前广场

位于南大门入口处，师生桥南侧，有路牙及石雕等景观。考虑到石雕工艺较为复杂，故采用委托加工。

5. 紫襟园区、主轴线道路及水池，环形人行道

紫襟园区、主轴线道路及水池、环形人行道均采用硬质铺装。

6. 硬质铺面工艺流程

（1）地面浮渣清理干净。

（2）找出施工面四周的中心，弹出中心线，由标准标高线挂出地面标高线。

（3）花岗石饰面板表面不得有缺陷，不得采用易褪色的材料包装。

（4）预制人造石材面板应表面平整，几何尺寸准确，表面石粒均匀、洁净、颜色一致。

（5）安放标准块，用水平尺和角尺校正无误。

（6）图案拼花和纹理走向清晰的石材要试拼，合适后再正式拼贴。

（7）一般地面应从中间向四周铺贴，台阶一般由下向上铺设。

（8）正式铺贴前，用素水泥浆将基层刷一遍，随刷随铺。

（9）用 1:3~1:4 干性水泥砂浆找平，石材用水全部湿润并阴干放置。

（10）水泥浆涂抹在材料背面，安放时必须四角同时落下，用橡皮锤敲击平实，

缝隙小于 1mm。

（11）室外安装光面和毛面的装饰面板，接缝可干接或在水平缝中垫硬塑料条。垫硬塑料条时，应压出保留部分，待砂浆硬化后，将硬塑料条剔出，用水泥细砂浆勾缝。干接缝处宜用与饰面板颜色相同的勾缝剂填抹。

（12）粗磨面、麻面、条纹面、天然面的接缝和勾缝应用水泥砂浆。勾缝深度应符合设计。

（13）路面碎拼石材施工前，应进行试拼，先拼图案，后拼其他部位。接缝应协调，不得有通缝，缝宽为 5~20mm。

（14）施工时采用胶料的品种，掺和比例应符合设计要求并具有产品合格证。

（15）铺好的地面在 2~3 天内禁止上人，素水泥或勾缝剂嵌缝，表面应清洁干净。

（16）整批石材到货后，应先挑选石材色差、对角、大、尺寸不一的，统一安排后方可正式铺贴。

（17）拌制砂浆应为不含有害物质的纯洁水。

7. 渔码头

位于城南大道以北、停车场东侧位，基层做法依次为 60 厚碎石垫层、50 厚 C10 混凝土、40~50 厚 1：2 水泥砂浆。面层做卵石铺装，青石板条带分隔。水岸布置自然石及木桩作为障碍，确保安全。

8. 师生桥

师生桥共有三座，结构及外观相同。基础及桥面结构为单层三跨钢筋混凝土框架结构，柱两侧顶端预埋 200×200 铁板（8 厚）用以焊接 3a 槽钢，桥面为 50 厚柳桉面板，两侧安装木扶手，ψ50 镀锌钢柱用镀锌螺栓固定在槽钢上，上部焊接 40×4 镀锌扁铁，用以安装固定木扶手。桥面扶手为钢木扶手，上下为柳枝木扶手，中间用 ψ20 镀锌钢丝及 ψ40 镀锌螺纹管间隔。

浇筑混凝土柱时严格控制柱面标高，按设计标高预留同强度等级细石混凝土找平。柱侧面的预埋钢板预先用水准仪抄平弹线固定在侧模板上。所有的柳桉木必须经过防腐处理，钢构件均需镀锌并做防腐处理。

9. 码头景观平台

为 300×300 混凝土柱上做 180×180 实木栏杆。上铺 12 厚槽钢，楞木采用 100×200 硬木。上铺 150×750×50 实木地板，木栏杆立柱采用 180×180 实木，栏杆为 200×60、40×100 硬木，采用棒头连接。

10. 园路

（1）场内土方整体回填时，应将园路的位置用灰线放线，土质较松软的要换好土回填，园路部分的土方回填必须分层回填，并用压路机碾压密实，防止沉陷。

（2）按照图纸设计等高线，用人工配合挖掘机整理出园路雏形，用压路机碾压至基底标高位置。

11. 给水排水工程

（1）按照设计规定进行材质采购。

（2)所有的管材、管件均必须具有出厂合格证、准用证，并经复试合格后方可使用。

（3）按照设计图纸以人工开挖沟槽，不允许超挖，超挖部分不允许回填土方。槽底不允许受水浸泡。

（4）要求按照设计要求选择管基用材。管道接口处应设混凝土支墩。

（5）管道施工前，应核对出口标高，确认无误后方可施工。

（6）污水管及排水管应做闭水试验，给水及喷灌系统应做 1MPa 的水压试验，试验合格后方可进行沟槽土方回填。

（7）沟槽开挖、管道安装、闭水试验、水压试验、沟槽回填等应及时做好隐蔽验收工作。

12. 电气亮化工程

（1）电气灯具的质量。型号必须符合图纸设计要求。管线的质量必须符合电气安装施工规范的要求。电线和穿线管必须经检测合格后方可应用于本工程。

（2）穿线管的预埋必须紧密配合土建施工，穿越混凝土的管线在混凝土浇筑时派专人看管，以免浇筑时压扁或接头外进浆造成管线破坏。

（3）灯具安装的位置应与设计图中的位置相符，藏地灯的四周与地面相接紧密，并略高于路面，设置于一线上的灯具中心误差不应大于 3mm。

（4）灯具安装完成后应进行照明测试，检查供电性能、触电系统的灵敏度，并验收灯具电气的观感质量，要求达到电气安装工程验收规范的规定。

三、技术质量保证措施

1. 目标管理

公司将执行质量规定，严格按各道工序操作的动态管理，把好工程质量关，在严格自检、互检、交接检的基础上，重点听取业主设计监理等部门的意见。接受他们对各项施工的质量监督，确保工程质量优良。

2. 坐标及高程的控制措施

（1）开工前根据建设方提供的原始坐标点，用全站仪引测传递到紧贴施工区域南侧路边，作为本工程的基准坐标及高程点。

（2）工程测量采用方格网测量，经纬仪、水准仪及铜尺必须进行统一标准校验。

3. 土方工程质量控制措施

（1）根据测设的方格网角点高程及设计标高，用色笔在施工图纸上标示出控方区和填方区及平衡区，严格控制开挖，避免超挖。

（2）挖土必须及时排水，防止基土浸泡影响承载力。

（3）有构筑物区域的土方回填应选用较好的土质，然后分层碾压，分层回填，确保上部结构的承载力。

4. 模板工程质量保证措施

（1）模板放样设计过程中，必须经过计算，使之有足够的强度、刚度及稳定性。

（2）所有模板均按施工要求进行放大样，拼出模板施工图，模板安装必须按弹线位置施工。

（3）模板周转一次必须进行清理、刷油，严重变形的模板严禁使用。

（4）模板拆除必须按要求进行，提前拆模必须以同条件养护试块强度数据报监理同意后方可拆模。

第二章　园林绿化维护

园林绿化建设和自然资源、能源都有着密切的关系，建设节约型园林绿化是社会建设的重要内容之一，是保证园林绿化行业健康、稳定、可持续发展的重要工程。在国家大力倡导建设节约型社会的今天，我们必须清楚地认识到节约型园林绿化的重要性和必要性，力求节约资源能源，保护环境，为可持续发展做贡献。

园林绿化是现代化城市建设的重要构成部分，是城市经济发展进步的主要标志之一，反映着城市经济发展的整体实力和水平。现如今我国城市绿化覆盖率已经大于30%以上，发挥着重要的社会服务功能与生态功能。所以要想尽快实现经济社会的全面、协调与可持续发展，进一步提升城市建设与精神文明建设水平，改善城市形象，提高城市品位，就必须把节约资源与保护环境的精神全面落实到园林建设当中，节约和保护资源，走可持续发展道路，使园林绿化发挥最大的生态效益、社会效益与经济效益。

第一节　工作内容和要求

一、园林绿化维护的工作内容

园林绿化养护工作是整个园林绿化工程中的重点工作，做好养护管理工作，才能保证园林工程达到完美的景观效果，这也需要很高的技术要求。园林绿化养护管理工作的项目都是很繁杂的，下面我们就来了解下园林绿化养护的基本工作内容。

1. 修剪

修剪是园林绿化养护的基本内容之一，要根据各类植物的生长特点、立地环境、景观要求，按照操作规程适时进行修剪工作。

2. 施肥

施肥是保证植物健康的重要手段，要根据各类植物的生长特点及植物对肥料的需要，要求年施肥不得少于 2 次，新种植物视生长情况，适时适量进行施肥，以保持各类植物的生长达到一定的景观效果。

3. 除草

除草也是保证植物健康生长的关键之一，杂草会与绿化植物争夺养料，阻挡阳光等，影响绿化植物的健康生长，因此各类绿地、树穴、绿带要及时清理各类杂草。

4. 抹芽

抹芽主要是用于乔木、大型灌木，为保证乔木和大型灌木骨架清晰，促使其生长形态美观、营养集中，对不定芽进行及时清除。

5. 病虫害防治

病虫害一直都是危害绿化植物的重要问题，所以病虫害的防治工作是园林植物养护中较为重要的手段和内容，要根据各类植物的寄生对象及时做好预测预报，及时采取措施防治。

6. 抗旱抗涝

绿化植物的抗旱抗涝也是园林绿化养护工作的内容之一。旱季及新种植物要及时进行灌溉，防止植物因脱水而枯死。而在汛期则要注意排涝抢险工作，防止植物受损。

以上就是园林绿化养护的基本工作内容，总之，园林绿化养护是一项持续性、长效性的工作，需要科学的绿化养护管理方法。在绿化养护管理上，要了解种植类型和各种树木、花草品种的特征与特性，重点应抓好肥、水、病、虫、剪五个方面的养护管理工作。

受人为因素、自然灾害和材料老化等影响，导致园林绿地、植物及设施损坏，这些问题普遍存在，因而在日常养护过程中要切实加强园林绿化维护管理工作。

二、工作要求

园林绿化维护工作内容包括绿化维护和设施维护两个方面。

1. 在绿化维护方面，要通过加强管理，确保园林绿地不被侵占，植物不被损坏。

2. 在设施维护方面，要通过加强管理，确保园林设施完好无损，景观效果良好。

第二节　常见问题及处理方法

一、概述

（一）养护管理的意义

园林树木所处的各种环境条件比较复杂，各种树木的生物学特性和生态习性各有不同，因此为各种园林树木创造优越的生长环境，满足树木生长发育对水、肥、气、热的需求，防治各种自然灾害和病虫害对树木的危害，通过整形修剪和树体保护等措施调节树木生长和发育的关系，并维持良好的树形，使树木更适应所处的环境条件，尽快持久地发挥树木的各种功能效益，将是园林工作一项重要而长期的任务。

园林树木养护管理的意义可归纳为以下几个方面：

1. 科学的土壤管理可提高土壤肥力，改善土壤结构和理化性质，满足树木对养分的需求。

2. 科学的水分管理可以使树木在适宜的水分条件下，进行正常的生长发育。

3. 施肥管理可对树木进行科学的营养调控，满足树木所缺乏的各种营养元素，确保树木生长发育良好，同时达到枝繁叶茂的绿化效果。

4. 及时减少和防治各种自然灾害、病虫害及人为因素对园林树木的危害，能促进树木健康生长，使园林树木持久地发挥各种功能效益。

5. 整形修剪可调节树木生长和发育的关系并维持良好的树形，使树木更好地发挥各种功能效益。

俗话说"三分种植，七分管理"，这就说明园林植物养护管理工作的重要性。园林植物栽植后的养护管理工作是保证其成活，实现预期绿化美化效果的重要措施。为了使园林植物生长旺盛，保证正常开花结果，必须根据园林植物的生态习性和生命周期的变化规律，因地、因时地进行日常的管理与养护，为不同年龄、不同种类的园林植物创造适宜生长的环境条件。通过土、水、肥等养护与管理措施，可以为园林植物维持较强的生长势、预防早衰、延长绿化美化观赏期奠定基础。因此，做好园林植物的养护管理工作，不但能有效改善园林植物的生长环境，促进其生长发育，也对发挥其各项功能效益，达到绿化美化的预期效果有重要意义。园林植物的养护管理严格来说应包括两方面内容。

（1）"养护"，即根据各种植物生长发育的需要和某些特定环境条件的要求，及时采取浇水、施肥、中耕除草、修剪、病虫害防治等园艺技术措施。

（2）"管理"，主要指看管维护、绿地保洁等管理工作。

（二）养护管理的内容

园林树木养护管理的主要内容包括园林树木的土壤管理、施肥管理、水分管理、光照管理、树体管理、园林树木整形修剪、自然灾害和病虫害及其防治措施、看管围护及绿地的清扫保洁等。

（三）园林绿化养护的常用术语

1. 树冠：树木主干以上集生枝叶的部分。

2. 花蕾期：植物从花芽萌发到开花前的时期。

3. 叶芽：形状较瘦小，前段尖，能发育成枝和叶的芽。

4. 花芽：形状较肥大，略呈圆形，能发育成叶和花序的芽。

5. 不定芽：在枝条上没有固定位置，重剪或受刺激后会大量萌发的芽。

6. 生长势：植物的生长强弱，泛指植物生长速度、整齐度、茎叶色泽和分枝的繁茂程度。

7. 行道树：栽植在道路两旁，构成街景的树木。

8. 古树名木：树龄到百年以上或珍贵稀有，具有重要历史价值和纪念意义以及具有重要科研价值的树木。

9. 地被植物：植株低矮（50cm 以下），用于覆盖园林地面的植物。

10. 分枝点：乔木主干上开始分出分枝的部位。

11. 主干：乔木或非丛生灌木地面上部与分枝点之间部分，上承树冠，下接根系。

12. 主枝：自主干生出，构成树型骨架的粗壮枝条。

13. 侧枝：自主枝生出的较小枝条。

14. 小侧枝：自侧枝上生出的较小枝条。

15. 春梢：初春至夏初萌发的枝条。

16. 园林植物养护管理：对园林植物采取灌溉、排涝、修剪、防治病虫、防寒、支撑、除草、中耕、施肥等技术措施。

17. 整形修剪：用剪、锯、疏、扎、绑等手段，使植物生长成特定形状的技术措施。

18. 冬季修剪：自秋冬至早春植物休眠期内进行的修剪。

19. 夏季修剪：在夏季植物生长季节进行的修剪。

20. 伤流：树木因修剪或其他创伤，造成伤口处流出大量树液的现象。

21. 短截：在枝条上选留几个合适的芽后将枝条剪短，达到减少枝条、刺激侧枝萌发新梢的目的。

22. 回缩：在树木二年以上生枝条上剪截去一部分枝条的修剪方法。

23. 疏枝：将树木的枝条贴近地面剪除的修剪方法。

24. 摘心、剪梢：将树木枝条减去顶尖幼嫩部分的修剪方法。

25. 施肥：在植物生长发育过程中，为补充所需各种营养元素而采取的肥料施用措施。

26. 基肥：植物种植或栽植前，施入土壤或坑穴中作为底肥的肥料，多为充分腐熟的有机肥。

27. 追肥：植物种植或栽植后，为弥补植物所需各种营养元素的不足而追加施用的肥料。

28. 病虫害防治：对各种植物病虫害进行预防和治疗的过程。

29. 人工防治病虫害：针对不同病虫害所采取的人工防治方法，主要包括饵料诱杀、热处理、阻截上树、人工捕捉、挖蛹、摘除卵块虫包、剔除虫卵、刺杀蛀干害虫以及结合修剪剪除病虫枝、摘除病叶病梢、刮除病斑等措施。

30. 除草：植物生长期间人工或采用除草剂去除目的植物以外杂草的措施。

31. 灌溉：为调节土壤温度和土壤水分，满足植物对水分的需要而采取的人工引水浇灌的措施。

32. 排涝：排除绿地中多余积水的过程。

33. 返青水：为植物正常发芽生长，在土壤化冻后对植物进行的灌溉。

34. 冻水：为植物安全越冬，在土壤封冻前对植物进行的灌溉。

35. 冠下缘线：由同一道路中每株行道树树冠底部边缘线形成的线条。

（四）园林绿化树木养护标准

根据园林绿地所处位置的重要程度和养护管理水平的高低，将园林绿地的养护管理分成不同等级，由高到低分别为一级养护管理、二级养护管理和三级养护管理等三个等级。

1. 园林绿化一级养护管理质量标准

（1）绿化养护技术措施完善、管理得当，植物配置科学合理，达到黄土不露天。

（2）园林植物生长健壮。新建绿地各种植物两年内达到正常形态。园林树木树冠完整美观，分枝点合适，枝条粗壮，无枯枝死杈；主侧枝分布匀称，数量适宜、修剪科学合理，通风透光。花灌木开花及时，株形饱满，花后修剪及时合理。绿篱、色块等修剪及时，枝叶茂密整齐。行道树无缺株，绿地内无死树。

落叶树新梢生长健壮，叶片形态、颜色正常。一般条件下，无黄叶、蕉叶、卷叶，正常叶片保存率在95%以上。针叶树针叶宿存3年以上，结果枝条在10%以下。花坛、花带轮廓清晰、整齐美观、色彩艳丽、无残缺、无残花败叶。草坪及地被植物整齐，覆盖率99%以上，草坪内无杂草。草坪绿色期：冷季型草不得少于300天，暖季型草不得少于 210 天。

病虫害控制及时，园林树木无蛀干害虫活卵、活虫；园林树木主干、主枝上，平均每 100cm³ 介壳虫的活虫数不得超过 1 头，较细枝条上平均每 30 cm² 不得超过 2 头，且平均被害株数不得超过 1%。叶片无虫粪、虫网。虫食叶片每株不得超过 2%。

（3）垂直绿化应根据不同植物的攀缘特点，及时采取相应的牵引、设置网架等技术措施，观察攀缘植物生长习性，覆盖率不得低于 90%。开花的攀缘植物应适时开花，且花繁色艳。

（4）绿地整洁、无杂挂物。绿化生产垃圾（如树枝、树叶、草屑等）和绿地内水面杂物，重点地区随产随清，其他地区日产日清，及时巡视保洁。

（5）栏杆、园路、桌椅、路灯、井盖和牌示等园林设施完整安全，维护及时。

（6）绿地完整，无堆物、堆料、搭棚，树干无钉镙刻画等现象。行道树下距树干 2 m 范围内无堆物，无堆料、圈栏或搭棚设摊等影响树木生长和养护管理的现象。

2. 园林绿化二级养护质量标准

（1）绿化养护技术措施比较完善，管理得当，植物配置合理，基本达到黄土不露天。

（2）园林植物生长正常。新建绿地各种植物 3 年内达到正常形态。园林树木树冠基本完整。主侧枝分布匀称、数量适宜、修剪合理，通风透光。花灌木开花及时、正常，花后修剪及时；绿篱、色块枝叶正常，整齐一致。行道树无缺株，绿地内无死树。

落叶树新梢生长正常，叶片大小、颜色正常。在一般条件下，黄叶、蕉叶、卷叶和带虫粪、虫网的叶片不得超过 5%，正常叶片保存率在 90% 以上。针叶树针叶宿存 2 年以上，结果枝条不超过 20%。花坛、花带轮廓清晰，整齐美观，适时开花，无残缺。草坪及地被植物整齐一致，覆盖率 95% 以上。除缀花草坪外，草坪内杂草率不得超过 2%。草坪绿色期：冷季型草不得少于 270 天，暖季型草不得少于 180 天。

病虫害控制及时，园林树木有蛀干害虫危害的株数不得超过 1%；园林树木的主干、主枝上平均每 100 cm 的介壳虫的活虫数不得超过 2 只，较细枝条上平均每 30 cm 不得超过 5 只，且平均被害株数不得超过 3%。叶片无虫粪，虫咬叶片每株不得超过 5%。

（3）垂直绿化应根据不同植物的攀缘特点，采取相应的牵引、设置网架等技术措施，观察攀缘植物生长习性，覆盖率不得低于 80%，开花的攀缘植物能适时开花。

（4）绿地整洁，无杂挂物，绿化生产垃圾（如树枝、树叶、草屑等）绿地内水面杂物应日产日清，做到保洁及时。

（5）栏杆、园路、桌椅、路灯、井盖和牌示等园林设施完整、安全，基本做到维护及时。

（6）绿地完整，无堆物、堆料、搭棚，树干无钉镙刻画等现象。行道树下距树干 2 m 范围内无堆物、堆料、搭棚、设摊、围栏等影响树木生长和养护管理的现象。

3. 园林绿化三级养护质量标准

（1）绿化养护技术措施基本完善，植物配置基本合理，裸露土地不明显。

（2）园林植物生长正常，新建绿地各种植物4年内达到正常形态。园林树木树冠基本正常，修剪及时，无明显枯枝死杈。分枝点合适，枝条粗壮，行道树缺株率不超过1%，绿地内无死树。落叶树新梢生长基本正常，叶片大小、颜色正常。正常条件下，黄叶、蕉叶、卷叶和带虫粪、虫网叶片的株数不得超过10%，正常叶片保存率在85%以上。针叶树针叶宿存1年以上，结果枝条不超过50%。花坛、花带轮廓基本清晰、整齐美观，无残缺。草坪及地被植物整齐一致，覆盖率90%以上。除缀花草坪外，草坪内杂草率不得超过5%。草坪绿色期：冷季型草不得少于240天，暖季型草不得少于160天。

病虫害控制比较及时，园林树木有蛀干害虫危害的株数不得超过3%；园林树木主干、主枝上平均每100cm²介壳虫的活虫数不得超过3头，较细枝条上平均每30cm²不得超过8头，且平均被害株数不得超过5%。虫食叶片每株不得超过8%。

（3）垂直绿化能根据不同植物的攀缘特点，采取相应的技术措施，观察攀缘植物生长习性，覆盖率不得低于70%。开花的攀缘植物能适时开花。

（4）绿地基本整洁，无明显杂挂物。绿化生产垃圾（如树枝、树叶、草屑等）、绿地内水面杂物能日产日清，能做到保洁及时。

（5）栏杆、园路、桌椅、路灯、井盖和牌示等园林设施基本完整，能进行维护。

（6）绿地基本完整，无明显堆物、堆料、搭棚，树干无钉镂刻画等现象。行道树下距树干2m范围内无明显的堆物、堆料、围栏或搭棚设摊等影响树木生长和养护管理的现象。

二、园林绿化施工与养护

（一）园林绿化栽植与施工

绿化植树工程是一种以具有生命的绿色植物材料为主要对象的工程，因此，绿化植树工程及施工技术与一般工程有很大的差别。植树工程是绿化工程的主体，它是指按照正式的园林设计及施工计划，完成某一地区的全部或局部的树木栽植施工。

为确保植树工程任务的完成，必须遵循以下施工原则：

1. 必须符合规划设计要求。

2. 植树技术必须符合树木的生活习性，做到适地适树。

3. 不失时机地把握植树季节，合理安排工期，做到"三随"，合理安排种植顺序。

4. 加强经济核算，提高经济效益和社会效益。

5. 严格执行植树工程的操作规程和技术规范。

（二）栽植成活原理

1. 园林树木栽植包括起苗、运输种植及栽后管理等四个基本环节

根据树木栽植成活原理，植树的时期应选择在蒸腾量小和有利根系及时恢复、保证水分代谢平衡的时期。一般在秋季落叶后至春季萌芽前为最佳时期。

2. 影响树木移栽成活率的因素

（1）异地苗木；

（2）土质立地条件；

（3）落叶树种生长季节未带土球移植；

（4）季节不适，起苗不当；

（5）土球太小；

（6）栽植深度不适宜；

（7）地下污染；

（8）土壤积水；

（9）树木倒伏；

（10）浇水不适；

（11）修剪不及时。

3. 提高树木栽植成活率的原则

（1）适地适树

通俗地说，就是把树木栽在适合生长的环境下，是因地制宜原则选用树种的具体化。也就是使树木生态习性和园林栽植地生境条件相适应，达到树和地的统一；使其生长健壮，充分发挥其园林功能。实行适地适树最简单的原则，就是选择性状优良的乡土树种。

（2）适时适栽

根据各种树木的不同特性和栽植地区的气候条件，决定园林树木栽植的适宜时期。秋季落叶；春季萌芽；雨季栽植（突破"反季节"栽植）等。

（3）适法适栽

根据树体的生长发育状态、树种的生长特点、树木栽植时期及栽植地点的环境条件等，园林树木的栽植方法可分为裸根栽植或带土球栽植两种。

4. 植树工程准备工作

绿化施工在工程开工之前，必须做好三项绿化工程的一切准备工作。

（1）了解工程概况

1）工程范围和工程量，包括全部工程及单项工程的范围（如植树、草坪、花坛等）、数量、规格和质量要求，以及相应的园林设施及附属工程等工程任务，如土方、给排水、园路、园灯、园椅、山石及其他园林小品等。

2）工程的施工期限，包括全部工程的开、竣工日期，即工程的总进度，以及各个单项工程的进度或要求，各种苗木栽植完成的日期。

重点要求：植树工程的进度必须以不同树种的最适宜栽植时期为前提，其他工程项目应围绕植树工程来进行。

（2）现场勘探

当了解工程概况之后，项目经理、技术负责人、施工人员还必须亲赴现场，开展细致的现场踏勘工作，做到心中有数。

1）摸清现场的土质情况，确定是否需要换土，估算客土量及客土来源。

2）交通状况、行车线路情况。

3）水源、电源情况。

4）各种地上物情况，如道路、广场、园路、小品等各类设施等。

5）如何安排施工期间的各类设施。

（3）编制施工计划书

绿化工程是一项综合性的工程，各个施工项目的施工计划的制订、每道工序间的衔接、材料的供应、施工力量的搭配等，都要通力协作、密切配合，才能顺利完成施工任务。

1）施工组织；

2）施工进度计划；

3）劳力、供应计划；

4）运输计划；

5）技术措施；

6）绘制现场平面图；

7）编制施工预算；

8）技术培训。

（三）植树工程的施工工序

1. 施工工序

（1）定点放线

1）行道树的定点放线

道路两侧或行列式栽植的树木、称为行道树。要求栽植位置准确、株行距相等。一般是按设计断面定点。在已有路牙的道路上以路牙为依据，无路牙的则应找出准确的道路中心线，并以此为定点依据。

2）成片绿地的定点、放线

根据设计图纸定出植树位置。先定点大树、骨架树、乔木、花灌木、地被等。

（2）挖种植穴

1）土壤是植树工程的基础，是苗木赖以生存的物质环境。

2）种植穴位置必须准确，标志明显。

3）定点标志应标明树种名称（或代号）、规格。

4）行道树定点遇有障碍物影响株距的，应与设计单位取得联系，进行适当调整。

5）乔木种植穴规格（厘米）。

6）在土层干燥地区应于种植前灌水浸穴。

（3）起苗

1）裸根起苗：适合处于休眠状态的落叶乔、灌木。此法保存根系较完整，便于操作，节省人力、运输和包装材料。但由于根部裸露，容易失水干燥，弱小根系易受损伤，根部恢复生长需较长时间。

2）带土球起苗：移植树木时随原生长地的一部分土壤，挖削成球状，用蒲包、草绳或其他轻材料包装。由于在土球范围内根部不受损伤，并保留一部分已适应原生长特性的土壤，同时减少了移植过程中水分的损失，对恢复生长有利。

3）起苗前的准备工作：起苗前要做好选好苗木、土地干湿度调查，用草绳拢冠、工具材料准备、试起等项工作。

4）苗木应根系发达，生长苗壮，无病虫害，规格及形态应符合设计要求。

5）苗木挖掘、包装应符合现行行业标准《城市绿化和园林绿地用植物材料木本苗》的规定。

（4）苗木运输和假植

1）苗木运输量应根据种植量确定，苗木运到现场后应及时栽植。

2）苗木在装卸车时应轻吊轻放，不得损伤苗木和造成散球。

3）起吊带土球(台)的小型苗木时应用绳网兜土壤吊起，不得用绳索缚捆根茎起吊。

4）土球苗木装车时，应按车辆行驶方向，将土壤向前、树冠向后码放整齐。

5）裸根乔木长途运输时，应覆盖并保持根系湿润。装车时应按顺序码放整齐；装车后应将树干捆牢，并应加垫层防止磨损树干。

6）裸根苗必须当天种植。裸根苗木自起苗开始暴露时间不宜超过8小时，当天不能种植的苗木应进行假植。

7）带土球小型花灌木运至施工现场后，应紧密排码整齐，当日不能种植的，应喷水保持土壤湿润。

8）珍贵树种和非植树季节所需苗木，应在合适的季节起苗，并用容器假植。

2. 园林工程特点施工流程

（1）苗木种植前的修剪

园林树木的栽植修剪由种植前和种植后修剪两个阶段组成。

1）修剪的目的

便于挖掘和搬运；提高成活率；调节矛盾；推迟物候期，增强生长势；减少病虫害。

2）修剪的操作规范

①种植前应进行苗木根系修剪，宜将劈裂根、病虫根、过长根剪除，并对树冠进行修剪，保持地上地下平衡。

②乔木类修剪应符合下列规定。

具有明显主干的高大落叶乔木应保持原有树形，适当疏枝，对保留的主侧枝应在健壮芽上短截，可剪去枝条 1/5 至 1/3。

枝条茂密具有圆头形树冠的常绿乔木可适量疏枝。枝叶集生树干顶部的苗木可不修剪。具轮生侧枝的常绿乔木用作行道树时，可剪除基部 2~3 层轮生侧枝。

常绿针叶树不宜修剪，只剪除病虫枝、枯死枝、生长衰弱枝、过密的轮生枝和下垂枝。

用作行道树的乔木，定干高度宜大于 3 米，第一分枝点以下枝条应全部剪除，分枝点以上枝条酌情疏剪或短截，并应保持树冠原型。

珍贵树种的树冠只宜进行少量疏剪。

（2）灌木及藤蔓类修剪应符合下列规定

1）带土球或湿润地区带宿土裸根苗木及上年花芽分化的开花灌木不宜修剪，当有枯枝、病虫枝时应予剪除。

2）枝条茂密的大灌木，可适量疏枝。

3）对嫁接灌木，应将接口以下砧木萌生枝条剪除。

4）分枝明显、新枝着生花芽的小灌木，应顺其树势适当强剪，促生新枝，更新老枝。

5）用作绿篱的乔灌木，可在种植后按设计要求整形修剪。苗圃培育成型的绿篱，种植后应加以整修。

6）攀缘类和蔓性苗木可剪除过长部分。攀缘上架苗木可剪除交错枝、横向生长枝。

（3）园林树木整形修剪方法

1）短截：将一年生枝条剪去一部分。作用：增加分枝；促进花芽分化；调节枝势平衡。种类：轻、中、重、极重短剪。轻短剪；中短剪；重短剪；极重短剪。

2）缩剪。回缩：将多年生枝剪去一部分。作用：抑制旺枝生长。更新复壮。

3）疏剪从枝条分枝点基部剪去。一年生枝—基部多年生枝—分枝点。

（4）苗木修剪质量标准

1）剪口应平滑，不得劈裂。

2）枝条短截时应留外芽，剪口应距留芽位置以上1厘米左右。

3）修剪直径2厘米以上大枝及粗根时，截口必须削平并涂防腐剂。

（5）园林树木修剪技术

1）剪口与剪口芽。

2）大枝的剪除。

3）剪口的保护。

4）修剪程序。

剪口与剪口芽距离：一般0.5~1.0厘米。过长：干枯形成残桩。过短：剪口芽易失水干枯。

（6）修剪程序

应按照"由外及里、由上到下"的顺序修剪。

应按照"一知、二看、三剪、四拿、五处理、六保护"的程序操作。

一知：参加施工修剪的人员，应明确修剪原则，知道操作规程、技术规范及特殊要求。

二看：修剪前先绕树观察，对树木的修剪方法做到心中有数。

三剪：根据因地制宜、因树修剪的原则，做到合理修剪。

四拿：及时清运，修剪下来的枝条，保证环境整洁。

五处理：剪下的枝条要及时处理，防止病虫害蔓延。

六保护：疏除大枝、粗枝时，应保护树体。

（7）苗木种植

1）应根据树木的习性和气候条件，选择最适宜的种植时期进行种植。一般为春季和秋季。

2）种植的质量应符合下列规定：

种植应按设计图纸要求核对苗木品种、规格及种植位置。

规则式种植应保持对称平衡，行道树或行列种植树木应在一条线上，相邻植株规格应合理搭配，高度、干径、树形近似，种植的树木应保持直立，不得倾斜，应注意观赏面的合理朝向。

种植绿篱的行距应均匀。树形丰满的一面应向外，按苗木高度、树干大小搭配均匀，在苗圃修剪成型的绿篱，种植时应按造型拼栽，深浅一致。

种植带土球树木时，不易腐烂的包装物必须拆除。

珍贵树种应采取树冠喷雾、树干保湿和树根喷布生根激素等措施。

种植时，根系必须舒展，填土应分层踏实，种植深度应与原种植线一致。竹类可比原种植线深5~10厘米。

3）树木种植应符合下列规定：

树木种植穴前，应先检查种植穴大小及深度，不符合根系要求时，应修整种植穴。

种植裸根树苗时，应将种植穴底填土，呈半圆土堆，放入树木填土至 1/3 时，应轻提树干使根系舒展，并充分接触土壤，随填土分层踏实。

带土球树苗必须踏实穴底土层，而后放入种植穴，填土踏实。

绿篱成块种植或群植时，应由中心向外顺序退植。坡式种植时由上向下种植。大型块植或不同色彩丛植时，宜分区分块种植。

4）落叶乔木在非种植季节种植时，应根据不同情况分别采取以下技术措施：

苗木必须提前采取疏枝，环状断根或在适宜季节起苗用容器假植等处理。

苗木应进行强修剪，剪除部分侧枝，保留的侧枝也应疏剪或短截，并应保留原树冠的 1/3，同时必须加大土壤体积。

可摘叶的应摘去部分叶片，但不得伤害幼芽。

夏季可搭棚遮阴、树冠喷雾，树干保湿，保持空气湿润，冬季应防风防寒。

5）干旱地区或干旱季节，种植裸根树木应采取根部喷布生根激素、增加浇水次数等措施。针叶树可在树冠喷洒聚乙烯树脂等抗蒸腾剂。

6）对排水不良的种植穴，可在穴底铺 10~15 厘米沙砾或铺设渗水管、盲沟，以利排水。

7）树木种植后浇水、支撑固定应符合下列规定：

种植后应在略大于种植穴直径的周围，筑成高 10~15 厘米的灌水土堰，堰应筑实不得漏水。

新植树木应在当日浇透第一遍水，以后应根据天气情况及时补第二遍水、第三遍水后及时封穴。

粒性土壤宜适量浇水，根系不发达树种浇水量宜较多；肉质根系树种浇水量宜少。

秋季种植的树苗，浇足水后可封穴越冬。

干旱地区或遇干旱天气时，应增加浇水次数。干热风季节，应对新发芽放叶的树冠喷雾，宜在上午 10 时前和下午 3 点后进行。

浇水时应防止因水流过急冲裸露根系或冲毁围堰，造成跑漏水。浇水后出现土壤沉陷，致使树木倾斜时，应及时扶正、培土。

浇水渗下后，应及时用围堰土封树穴。再筑堰时，不得损伤根系。

对人员集散较多的广场人行道，树木种植后，种植池应铺设透气护栅。

种植胸径 8 厘米以上的乔木，应设支柱或支架固定。支撑应牢固，绑扎树木处应夹垫物，绑扎后的树干应保持直立。

攀缘植物种植后，应根据植物生长需要，进行绑扎或牵引。

（8）防寒

常用的防寒措施有灌冻水覆土、根部培土、扣筐扣盆、架风障、涂白喷白、春灌、培月牙形土堆等。

（9）防止风灾措施

1）修剪：树冠过于浓密高大者，应适当加以修剪，以利于通风、减轻负荷。

2）培土：栽植较浅的树木，可以加厚根部培土。

3）支撑：必要时在下风方向立木棍或水泥桩等支撑物。

（10）中耕、除草

杂草丛生会影响树木的正常生长，而且有碍观瞻，应把杂草及时连根除掉，埋入土中，腐烂成肥料。没有杂草的地方，也要适时将土壤表面锄松，以提高土壤透气性和保墒能力。

（11）围护和隔离

对于新移植的树木，尤其是大树，为防止人与机械碰撞、践踏，导致土壤板结，应该用栅栏、围篱加以围护。为了不影响美观，围篱宜适当低矮一些，或做成造型别致、色彩淡雅的矮栏，也可以用绿篱来维护。

（12）其他措施

1）对新栽幼树、珍贵树种要防止日灼。

2）定期喷水洗尘，改善光合作用。

3）随时挖、伐因树势衰老、病虫侵袭、机械损伤、人为破坏而死亡的树木。

（四）大树移植的施工

1.大树移植的特点

正常生长的大树，在移植之前其根系正处于离心生长过程中，骨干根基部的吸收根大部分离心死亡，有的甚至已达到最大限幅，停止生长。具有吸收能力的新生根系主要分布在树冠投影的邻近区域，若采取带土球移植，这样的体积根本无法到达目的地；也就是说，采用一般土球移植的技术，在挖掘范围内具有生命力的根系几乎不存在。如果强行移植，只能导致大树水分代谢平衡的严重失调，最终死亡。大树在绿地中一般孤植观赏，要求树冠保持优美姿态，并生长旺盛，尽早发挥绿化效果，在移植前绝大多数已经经过重新修剪。因此只能在所带土球范围内，使用预先促发大量新根的方法来为代谢平衡打基础。为提高成活率，大树移植过程中还要与其他移栽措施相结合。

另外，大树移植的主要特点是大树具有庞大的身躯和重量，在移植过程中操作困难，常常需要借助机械力量，耗费大量的人力、物力，这也是它与移植一般苗木的最大区别。

2.大树移植前的准备工作

（1）选树

大树具有成形、成景、见效快的优点，但是种植困难、成本高，在设计上把大树设计在重点绿化景观区内，能够起到画龙点睛的作用。选树时，要善于发掘具有其特点的树种，对树种移植也要进行设计，安排大树移植的步骤、线路、方法等，这样才能保证大树的移植达到较好的效果。

进行大树移植要了解以下几个方面，包括树种、年龄时期、干高、胸径、树高、冠幅、树形，尤其是树木的主要观赏面，要进行测量记录，并且摄像。

1）树种

对所选择的树种要充分了解其生长习性及生态特性，并保存留档，树木成活的难易程度和生命周期的长短也要做详细记录。有些树种萌芽和再生能力强，移植成活率高，比如杨、柳、梧桐、悬铃木、榆树、朴树等，有的萌芽和再生能力较弱，移植成活率较低，比如白皮松、雪松、圆柏、柳杉等，最难成活的如云杉、冷杉、金钱松、胡桃等。不同树种生命周期的长短存在很大差异，生命周期短的大树移植时需要花费较高成本，然而树体移植后就开始进入衰老阶段，并不能达到理想的效果。因此，大树移植要选择寿命长、再生能力强的树种，即便规格很大，但种植后可以延续较长的年代，能够达到较好绿化的效果。

2）树体

大树移植的成本高，花费大，为降低耗费更要保证成活率，因此在选树时要考虑以下几点。

选好树相。大树移植工作完成后应能较快体现景观效果，树形不好的树木往往不予选择。因此移植前必须考虑树相，如栽植行道树，应选择树干挺直、树冠丰满、遮阴效果佳，具有较高分支点的树种；选择庭荫树，在满足上述条件的同时，对树姿要求也比较严格。

树体规格大小适宜。树体小，种植后美化效果不佳，需要较长时间才能满足需要，但这并不代表树体规格越大越好。规格越大，起苗、运输、栽植的花费就越高，而且树体越大适应能力越差，恢复移植前的生长水平越困难。除此之外，栽植后养护管理成本也会随着树木规格而上升。

选择长势好并且年龄小的树木。处于青壮年时期的树木，细胞组织结构处于旺盛阶段，在环境条件良好的地方生长健壮；在移植以后，尽管树体会遭到较为严重的伤害，但树体健壮，能快速融入新的生长环境，而且根系再生能力旺盛，具有在短时间内迅速恢复生长的潜能，因此移植的成活率高，成景效果好。由此可见，选择苗木时还要抓住树木年龄结构，选择能够使绿化环境快速形成、长期稳定，达到最优生态效果的树种，速生树种以10~20年生为宜，慢生树种应选20~30年生，一般树木以胸径

15~25 cm 的范围内，树高在 4 m 以上为宜。

就近选择有利于保证成活率。大树移植首先要考虑树种对周围环境的适应能力，就是同一树种在不同地区生态性也各不相同，只有树种的生长习性与移植地的生态环境相适应，才能保证较高的成活率，实现其景观价值。因此在移植大树时，应因地制宜，以乡土树种为主，尽量避免远距离调运大树，这样，可以提高树木对生态环境的适应能力，从而达到较高的成活率，还能降低成本，提高经济效益。

（2）资料准备

大树移植前必须了解以下资料。

1）树木品种、树龄、定植时间、历年来养护管理情况，此外还要了解当前的生长状况，生枝能力，病虫害情况，根部生长情况，若根部情况不能掌握要进行探根处理。

2）对树木生长和种植地环境调查，分析树木与建筑物、架空线、共生树木之间的空间关系，营造施工、起吊、运输环境等条件。

3）了解种植地的土质状况，研究地下水位、地下管线的分布，创造合理的生长环境条件，保证树木移植之后能够健康生长。

（3）制订移植方案

根据以上准备的资料，制订移植方案，方案包括以下几项：种植季节，切根处理，修剪方法和修剪量，挖穴、起树、运输、种植技术与要求，支撑与固定，材料、机具准备，养护管理，应急救护及安全措施等。

（4）断根缩坨

断根缩坨也称回根法，古代称为盘根法。保证大树移植成活的关键是，挖掘土壤要具有大量的吸收根系。因此，大树移植在挖苗的前几年，就需要采取断根缩坨的措施，只保留起苗范围以内的根系，从而利用根系所具有的再生能力，进行断根刺激。利用这种方法使主要的吸收根缩回到主干根附近，促使树木形成紧凑、密集的吸收根系，同时还能有效地减少土球体积及重量，降低移植成本。树木断根缩坨一般控制在1~3 年中完成，采取分段式操作，以根茎为中心，以胸径 3~4 倍为半径在干周画圆圈，选相应的 2~3 个方向挖宽 30~40cm、深 60~80cm 的沟，下面遇粗根沿沟内壁用枝剪和手锯切断，将伤口修整平滑后，还要涂上保护材料加以保护。为防止根系腐烂，还可用酒精喷灯将切断根系烧成炭化，对于发根困难的树种，还可以用涂生根粉的方法促进其愈合生根。断根工作完成以后，将挖出土壤清理干净并混入肥料后，重新填入沟内，浇水渗透，随后在地表覆盖一层松土，松土要高于地面，为促进大树生根还要定期浇水。第二年再利用同样的方法在另外 2~3 个方向挖沟断根，若苗木生长正常第三年时即可挖出移植。在一些地方，如果环境条件允许也可分早春、晚秋两次进行断根缩坨，第二年移植，虽然这种方法耗时较少，但同样会有不错的效果。

然而在实际工作中，很多地方绿化移植大树缺乏长远计划，为了满足当前利益，在移植中很少采取此种措施，从而导致树木生长不良，有的甚至出现死亡的现象。

（5）平衡修剪

树体地下部分和地上部分对水分的吸收与蒸腾是否能够达到平衡，是影响大树移植成活的关键。因此，为保证大树成活还要促进须根的生长，移植前对树冠进行修剪，适当减少枝叶量。树冠的修剪常以疏枝为主、短截为辅，修剪强度应综合考虑，如树木种类、移植季节、挖掘方式、运输条件、种植地条件等因素。一般常绿树种可轻剪，落叶树宜重剪；有的树种再生能力强，生长速度快，如悬铃木、杨、柳等，可适当进行重剪，而有些树种再生能力弱、生长速度慢，比如银杏和大部分多针叶树等，则应轻剪，有的甚至不剪；在非适宜季节移植的树木应重剪，而正常移植季节则可轻剪；萌芽力强、树龄大、规格大、叶薄而稠密的修剪量可大些，而萌芽力不强、树龄小、规格小、叶厚而稀疏的可根据情况适当减小。对某些特定的树种，对树形要求严格，如塔松、白玉兰等，修剪强度要根据具体需要而定，可以根据实际情况只剪除枯枝、病虫枝、扰乱树形的枝条，这样在满足树形要求的同时，还能保证树木的成活率。

大树移植修剪要遵循以下原则：一般的落叶树可进行强截，但要多保留生长枝和萌生的强枝，修剪量可达 3/5~9/10；修剪常绿阔叶树时，可以采用收冠的方法，截去外围枝条，适当抽稀树冠内部不必要的弱枝，多留较为强壮的萌生枝，修剪量可达 1/3~3/5；针叶树以疏树冠外围枝为主，修剪量可达 1/5~2/5。适宜季节移植的大树修剪时修剪量取前限，而非适宜季节移植及特殊情况下则采取后限。目前，树木移植进行树冠修剪主要可以采用以下三种方法。

1）全株式

为避免破坏景观效果，完全保留树冠原始形态，只修剪树体内的徒长枝、交叉枝、病虫枝、枯死枝等。这种修剪方式适用于常绿树种和珍贵树种，如雪松、云杉、乔松、玉兰等。

2）截枝式（也称为鹿角状截枝）

针对保留树冠的大小、运输便利、栽植方便的树种，将树木的一级分枝或二级分枝保留，以上部分截除。生长发枝中等的落叶树种以及需要通过修剪确保成活、短时间达到良好景观效果的苗木常采用该方式。

3）截干式

截干式是指将主干上部整个树冠截除，只保留根与主干的修剪方式，是修剪生长速度快、发枝强的树种经常采用的修剪方式。目前城市中落叶树种大树移植，尤其是北方落叶树种大树移植应用该法更为广泛。该修剪方式的优点是成活率高，但需要一定时间才能恢复到较为理想的景观状态。

3. 大树移植的技术措施

（1）移植季节

1）落叶树栽植应在 3 月左右进行，常绿树应在树木开始萌动的 4 月上中旬进行移植。

2）不论常绿树种还是落叶树，凡没有在以上时间移植的树木均以非正常移植对待，养护管理则根据非季节移植技术处理。

严格来讲，大树移植一般所带土球规格都比较大，在施工过程中如果按照执行操作规程严格进行，并注意栽植后的养护管理，按理说在任何时间都可以进行大树移植工作。但在实际操作过程中，最佳移植时间是早春，因为随着天气变暖，树液开始流动，树木开始生长、发芽，如果在这个时间挖苗，对根系损伤程度较低，而且有利于受伤根系的愈合生长；苗木移植后，经过从早春到晚秋的正常生长，移植过程中受到伤害的部分也完全恢复，有利于树木躲避严寒，顺利过冬。在春季树木开始发芽而树叶还没全部长成以前，树木的蒸腾作用还未达到旺盛时期，此时采取带土球技术移植大树，尽量缩短土壤在空气中的暴露时间，并加强栽后养护工作，也能保持大树较高的成活率。盛夏季节，由于树木的蒸腾量大，在此季节对大树移植往往成活率较低，必要时可加大土球，增加修剪、遮阴等技术措施，尽量降低树木的蒸腾量，也可以保证大树的成活率，但花费较多。南方梅雨季节，空气中的湿度较大，这样的环境有利于带土球移植一些针叶树种。深秋及初冬季节，从树木开始落叶到气温不低于 -15℃ 这一段时间，也可以进行大树移植工作。虽然这段时间，大树地上部分已经进入休眠阶段，但地下根系尚未完全停止活动，移植时损伤根系还可以利用这段时间愈合复原，为第二年春季发芽创造有利条件。南方地区，特别是那些常年气温不是很低而湿度较大的地区，一年四季均可移植，而且部分落叶树还可以采取裸根移植法。

（2）起掘前的准备工作

1）浇水

为避免挖掘时土壤过干而使土壤松散，应在移植前 1~2 天，根据土壤干湿程度对移植树木进行适当浇水。

2）定位

定植前应根据树冠的形态做好定位工作，以满足种植后要达到的景观效果。

3）扎冠

为缩小树冠伸展面积，方便挖掘，同时避免折损枝条，应在挖掘前对树冠进行捆扎，扎冠顺序应由上至下、由内至外，依次收紧。大树扎缚处要垫橡皮等软物，不可以强硬地拉拽树木。树干、主枝用草片进行包扎后，挖出前必须拉好防风绳，其中一根必须在主风向，其他两根可均匀分布。

（3）移植方法

当前较常使用的大树移植挖掘和包装方法主要有以下几种。

1）移树机移植法

大树移植机是一种安装在卡车或拖拉机上的装有操纵尾部四扇能张合的匙状大铲的移树机械。目前生产的移植机，主要适用于移植胸径 25 cm 以下的乔木。移植时应先用四扇匙状大铲在栽植点确定好预先测定尺寸大小的坑穴，随即将铲扩张至适宜大小向下铲，直至铲子相互合并，等抱起土块呈圆锥形后收起，即完成挖穴操作。为便于起树操作，应根据情况把有碍施工的干基枝条预先进行铲除，随后用草绳捆拢松散枝条。移植机停在适合挖掘树木的位置，张开匙铲围在树干四周一定位置，开机下铲，直至相互合并，收提匙铲，将树抱起，树梢向前，匙铲在后，横卧于车上，即可开到预先安排好的栽植点。直接对准位置放正，放入事先挖好的坑穴中，填土入缝，整平做堰，灌足水即可。对于交通方便，远距段的平坦圃地采用移植机移植，可以提高效率。采用移植机移植与传统的大树移植相比，其优点在于使原来分步进行的众多环节连为一体，诸如挖穴、起树、吊、运、栽等，使之成为真正意义上的随挖、随运、随栽的流水作业，并免去许多费工的辅助操作，在今后大树移植工作中将广为应用。

2）冻土移植法

在土壤冻结期进行大树移植，所挖土球可以不用进行包装操作，可利用冻结河道或泼水冻结的平整土地，只用人畜便可拉运的一种方法，适用于我国北方寒冷地区。由于冻土移植法是在冬闲时间进行，不仅可以节省时间，而且可以减轻包装和运输压力。此法适用于当地耐寒乡土树种，对于冬季土壤冻结不深的地区，要预先用水对根系部分进行灌注，直至土壤冻结深度达 20 cm 时，便可开始挖掘土球。挖好的树，如短期内不能栽完应用枯草落叶进行覆盖，避免晒化或寒风侵袭造成根系破坏。苗木运输应选河道充分冻结时期，若需在地面上运输还应事先修平泥土地，选择泼水之后能够迅速冻结的时期或利用夜间低温时泼水形成冰层，从而减少拖拉的摩擦阻力。

3）大树裸根移植法

大树裸根移植法适用于移植容易成活，主干直径在 10~20 cm 的落叶乔木，如杨、柳、槐树、银杏、合欢、柿子、乌桕、漆树、元宝枫等。裸根移植大树必须在落叶后至萌芽前这一段时间进行。有些树种仅宜春季进行移植，土壤冻结期不宜进行。对潜伏芽寿命长的树木，地上部分除留一定的主枝、副主枝外，可对树冠进行重新修剪，但慢长树不可修剪过重，以免对移栽后的效果造成影响。将大树挖掘出来以后，用尖镐由根茎向外去土，注意尽量减少对树皮和根的影响。过重的宜用起重机吊装，其他要求同一般裸根苗，要特别注意保持根部的湿润。未能及时定植应假植，但时间不能过长，以免对成活率造成影响。栽植穴应比根幅与深度大 20~30cm。栽植时应使用立柱，其他养护措施同裸根苗。萌芽后应注意选留合适枝芽培养树形、其他不必要的部分要剥去。

4）软材料包装移植法

软材料包装移植法主要在挖掘圆形土球，树木胸径 10~15 cm 或稍大一些的常绿乔木时采用。

5）土木箱移植法

土木箱移植法适用于挖掘方形土台，树木胸径 15~25 cm 的常绿乔木。

三、绿化维护问题及处理方法

1. 绿化维护的问题

（1）人为破坏绿化

人为破坏园林绿化的行为多种多样：施工单位未经城市绿化行政主管部门批准，擅自占用绿地埋设地下管线；施工单位擅自砍伐树木；商铺经营者擅自修剪门前的树木；商铺经营者故意剥掉门前树木的树皮；等等。

对侵占绿地、乱砍滥伐和损坏树木等破坏绿化的行为要坚决制止，并及时报请城市绿化行政主管部门查处。

（2）乱摆乱卖

小商贩在绿地上摆摊经营，既影响环境卫生，又损坏绿化。对这种占绿经营的行为要制止，必要时可邀请城市管理执法部门配合清理。

（3）车辆乱停放

将车辆停放在园林绿地上，既损坏地形地貌，又对植物造成严重的伤害。对这种破坏绿化的行为要坚决制止。

（4）人为践踏绿地

行人贪图方便，在绿地中穿行，导致"黄土露天"，影响景观。

在日常养护过程中，应根据具体情况，有针对性地采取适当措施防止人为践踏绿地。

方法一：护。具体做法是在行人经常穿行的绿地中安装护栏，同时恢复绿化。

方法二：疏。因公园绿地内道路设置不合理，导致人们习惯地在公园内某一线路上穿行，形成了既成事实的园路，这是普遍存在的问题。针对这种情况，应顺应人们的习惯性需求，将该线路铺设为规范的园路。

（5）行人违规横穿道路绿化带

行人贪图方便，穿越绿化带横过马路，既损坏绿化，又容易引发交通安全事故。为阻止行人穿越道路绿化带，可在绿化带上安装护栏。

（6）施工迹地未复绿

在绿地中埋设管线后长时间未进行复绿，导致绿地凹凸不平，黄土露天，影响景观。对工程施工迹地要及时进行复绿。

（7）复绿质量差

在绿地中埋设管线后，虽然进行了复绿，但草块随意摆在绿地上，且泥土遍地，恍如绿地上的一块伤疤，影响景观。对工程施工迹地要切实抓好复绿质量。

（8）交通事故现场未清理

肇事车辆冲上道路绿化带，对花基和植物造成严重破坏，影响景观。对交通事故毁坏的花池要及时维修，对损坏的植物要及时清理并恢复绿化。

（9）树木倒伏

树木倒伏后根系松动或折断，容易失水而死；另外，倒伏的树木还影响景观。对倒伏树木要抓紧时间重新种植，并安装护树架固定。

（10）护树架没定期松绑

护树架上的绑带长期勒在树干上，形成深深的缢痕，为树木的生长带来一定的影响。在日常养护过程中，要随着树干的不断增粗，定期对护树架的绑带进行松绑。

（11）护树架挫伤树皮

护树架与树干直接接触，当树木随风摆动时，树皮被严重挫伤且长期无法愈合，影响树木的正常生长。

在为新种树木安装护树架时，要在护树架与树皮之间垫上一层胶片或棉纱等，以防止护树架挫伤树皮。在日常养护过程中，当发现胶片或棉纱脱落时，要及时补垫。

2. 设施维护的问题

（1）植物根系穿破瓦面

生长在建筑物顶部的植物，其根系对瓦面造成严重的破坏。对在瓦面上生长的植物要及早进行彻底清理。

（2）建筑物有白蚁

建筑物内有白蚁，将楼梯的木质墙裙蛀空。对有木质材料的园林建筑要加强白蚁防治工作；尤其是山林的白蚁普遍较多，因而对依山而建的建筑物应更加注重白蚁的检查。

（3）屋顶有大量泥迹

屋顶的泥迹过多，将影响雨水排泄，从而导致屋顶渗水。对建筑物顶上的泥迹要定期进行清理。

（4）水管漏水

水管受损漏水，导致绿地长期积水，既影响植物的正常生长，又浪费水源。当发现水管漏水时要立即关闭水阀，并及时进行维修。

（5）设施损坏

园林设施损坏后，导致其使用功能大打折扣，同时影响景观。对损坏的园林设施要及时维修。

（6）园林小品陈旧变色

水池中配置的"白天鹅"雕塑外观陈旧（变成灰色），影响景观。对园林小品应定期进行翻新（古色古香作品除外），使其始终保持良好的艺术形象。

第三节　安全管理

一、基本要求

园林绿地遍布整个城市，是广大市民游乐、休闲和健身的重要场所，其配套设施和树木的安全状况与市民的生命财产安全息息相关；另外，在园林绿化养护工程中的许多施工项目（如高空修枝作业等）属高危工种，同样关系到作业人员或市民的生命财产安全。由此可见，园林绿化安全管理是一项涉及公众安全和养护作业人员自身安全的重要工作。

（一）要求

1. 加强安全检查，防止安全事故发生

检查的重点对象和范围包括建筑物、园林配套设施、挡土墙、危险树、车辆、起重设备、电气设备、消防设施、施工和应急物资等。对检查中发现的安全隐患，要及时采取措施加以整改。

2. 加强施工管理，防止安全事故发生

重点抓好高空作业、路上作业、在架空线路和地下管线附近作业、喷施农药、车辆和机械设备操作等高危项目施工管理。

3. 制订和完善重大事故应急预案，组建抢险救灾队伍，定期开展应急演练

4. 储备必要的应急物资

应急物资包括砍刀、铁锹、手锯、油锯、汽油（装在专用铁罐内）、头盔、反光服、手套、手电筒和安全警示牌等。

（二）园林绿化养护安全生产管理

1.绿化养护项目安全生产监督管理坚持"以人为本"理念，贯彻"安全第一、预防为主"的方针，依靠科学管理和技术进步，遵循属地管理和层级监督相结合、全面要求与重点监管相结合的原则。

2.市绿化管理部门可结合实际，建立、健全以下安全生产工作制度

（1）绿化养护项目安全生产监管责任层级监督与重点地区监督检查制度。市绿化管理部监督检查区绿化管理部门安全生产责任制的建立和落实情况、贯彻执行安全生产法规政策和制定各项监管措施情况；根据安全生产形势分析，结合重大事故暴露出的问题及在专项整治、监管工作中存在的突出问题，确定监管重点。

（2）绿化养护项目安全生产信用监督和失信惩戒制度。将绿化养护项目安全生产各方责任主体和从业人员安全生产不良行为记录在案，并利用网络、媒体等向全社会公示，加大安全生产社会监督力度。

3.各区绿化管理部门和养护企业可结合实际，建立、健全以下安全生产工作制度

（1）绿化养护项目安全生产预警提示制度。在重大节日、重要会议、特殊季节、恶劣天气到来和施工高峰期之前，认真分析和查找本行政区域绿化养护项目安全生产薄弱环节，深刻吸取以往年度同时期曾发生事故的教训，有针对性地提早做出符合实际的安全生产工作部署。

各绿化管理部门加强领导，周密部署，不断完善园林绿化的防汛抗台、防冻抗雪、抗旱保绿应急预案，按照《杭州市城区绿化防台树木支撑工作方案》，切实做好绿地树木的防台应急处置工作；应备足抗台、抗雪、抗旱物资，成立应急抢险队伍，把各项防范措施落到实处，确保人民生命财产安全和道路的畅通。

（2）绿化养护项目安全生产监督管理人员培训制度。绿化养护企业的主要负责人、养护项目负责人、专职安全生产管理人员定期参加安全生产法律、法规和标准、规范的培训。

（3）绿化养护项目重大事故上报制度。绿化养护企业发生以下三种情况：

1）人身伤害事故；

2）养护质量事故；

3）因养护作业不当而造成路面结冰，导致交通安全事故。

区绿化管理部门应责令该养护企业立即内部整顿，限期整改，落实善后措施；同时，生产安全事故所在城区绿化管理部门应在24小时内及时将事故情况上报市绿化管理部门。

（三）绿化养护安全生产操作规范

绿化养护生产作业应严格按照园林绿化技术操作规程实施，加强作业人员的安全

防范意识，特别是道路绿化（包括高架绿化）作业，行道树修剪等高空作业的安全文明施工、园林机械的安全使用、农药的安全使用、安全用电及园林绿化防火。

1. 作业人员服装

（1）作业人员在道路上进行流动作业时，应当穿着安全服，夜间必须同时穿着安全服并戴好安全帽。在道路上进行定点作业时，夜间必须穿着安全服。

（2）安全服与安全帽应当具备反光或部分反光性能，安全服反光部分最小宽度不应小于 5cm。

2. 道路作业的安全要求

（1）除流动作业外，进行道路作业必须在作业现场划出作业区，制订交通组织方案，设置相应的标志与设施，以确保作业期间的交通安全。

（2）在道路上进行不划定作业区的流动作业时，可以在路段上设置可移动的作业标志。

（3）在道路上进行定点作业，白天不超过 2 小时，夜间不超过 1 小时即可完工的，在有现场交通指挥人员指挥交通的情况下，只要作业区设置了完善的安全设施（白天设置了锥形交通路标或路栏，夜间设置了锥形交通路标或路栏及道路作业警示灯），可以不设标示牌，但高速公路除外。

（4）用于道路作业的工具、材料必须放置在作业区内或其他不影响正常交通的场所。

二、安全检查

1. 检查方式

安全检查可采取"定期检查与不定期抽查"相结合、"全面排查与重点检查"相结合的方式进行。

2. 工作流程

将安全管理中的现场检查、安全隐患整改和建账归档等环节编制成流程图，并严格按流程一环扣一环地执行，使存在的安全隐患及时被发现，并落实整改。另外，通过建立台账，使各环节的执行情况有账可查，有责可追。

3. 现场检查

现场检查是发现安全隐患的必要手段。为便于检查工作的开展，可按照"简洁明了、操作方便"的原则，分别对建筑物、园林配套设施、挡土墙、危险树、车辆、起重设备、电气设备、消防设施、施工现场和应急物资等项目编制相应的"检查记录表"，用作现场检查记录。

在现场检查过程中，要按照上述表格要求逐项进行认真细致的检查，填写"检查记录表"，并根据检查情况判断被检项目是否存在安全隐患。

4. 整改与复查

对现场检查中发现的各项安全隐患，要及时进行整改，并各填一份安全隐患项目复查记录表，用于跟踪复查记录，直至该项隐患整改完成为止。与此同时，将各项隐患逐一填写在安全隐患项目汇总表中，并在隐患消除后填上整改完成时间。

5. 建立台账

对每次现场检查中填写的表格，要按月度和年度整理归档，建立安全管理台账。

6. 隐患项目的结转

在每年 12 月底，将本年度检查中发现的、未完成整改的安全隐患项目重新填写在安全隐患项目汇总表中，将其结转在下一年度继续跟踪整改，直至隐患消除为止。

三、常见问题及处理方法

1. 设施管理的问题

（1）建筑物破损

花架廊横梁表面的水泥破损脱落，钢筋裸露，锈迹斑斑，影响横梁的受力性能。对表面破损的园林建筑要及时维修，以免影响建筑物结构和受力性能。

（2）建筑物墙体有裂纹

建筑物外墙有明显的裂纹，存在倒塌的危险。对存在隐患的建筑物要及时维修，防止其倒塌而引发安全事故。

（3）挡土墙有裂纹

因挡土墙倒塌而引发的安全事故屡见不鲜。为避免安全事故的发生，要加强对园林绿地中的挡土墙进行安全检查。当发现挡土墙出现裂痕时，要立即划定危险警戒范围，设立危险警示标志，禁止人们进入危险区域，并加紧进行维修。

（4）树木长在挡土墙上

构树和细叶榕等树木的种子落在挡土墙的缝隙上，发根长叶，这是较为常见的现象。随着这些树木的不断长大，根系的不断加粗加深，必将导致墙体开裂变形，甚至崩塌，从而引发安全事故。对这些树木要及早进行清理。

（5）电线外露

园林绿地是公众活动场所，若电线外露则存在极大的安全隐患。对园林绿地中的用电设施要加强日常安全检查，对损坏的设施要及时进行维修。

（6）沙井的盖板被揭开或缺失

绿地上被揭开盖板或没有盖板的沙井，存在极大的安全隐患。对这些存在安全隐患的沙井，要立即进行修复。

（7）健身器材损毁

在园林绿地中安装的健身器材陈旧且破损严重，存在较大的安全隐患。对园林绿地中配套设置的简易健身器材或儿童游乐设施等，应将其纳入园林绿化养护管理范畴，加强日常检查和保养；对损毁严重，或者超过使用期限的游乐、健身设施要及时拆除，以免引发安全事故。

2. 植物养护的问题

（1）死树不及时清理

枯死的大树随时有倒伏的风险，存在极大的安全隐患。对枯死的树木要及时清理。

（2）树干腐烂严重

树干严重腐烂的树木容易被风吹断，因而存在较大的安全隐患。对树干腐烂严重的树木应将其砍伐。

（3）藤本植物影响树木安全

大树基部因腐烂而出现树洞，这是导致树木倒伏、引发安全事故的主要原因。如果大树基部被附生的藤本植物覆盖，即使出现树洞也难以觉察。在日常养护过程中，为便于对大树进行安全检查，应将其附生的藤本植物清除。

（4）"树池"过小

在铺装地中种植的乔木"树池"过小，随着树干的不断加粗，当"树池"挤满后将继续向外扩展，从而形成缢痕。在树木随风摆动时，树干与"树池"边缘不断发生摩擦，导致树干的缢痕处损伤，且长期无法愈合。随着时间的推移，缢痕内部腐烂越来越严重，导致树干的支撑能力越来越差。当树干无法支撑树冠的重量时，即从缢痕处折断，从而引发安全事故。从外观上看，此类树木的生长状况基本正常，人们无法直接看到缢痕内部的腐烂情况，也无法判断树干何时会折断，因而存在极大的安全隐患。

对在铺装地中开穴种植的树木，当"树池"过小，无法满足树木生长的需要时，要及时扩穴。必要时，还应同时进行"截干"或"截枝"修剪，以减少树冠重量。

（5）树上有枯枝

树上挂着一枝粗大的枯枝。如果枯枝脱落，将对人身安全构成重大威胁，因而对树上的枯枝要及时清理。

（6）树干倾斜严重

树干倾斜的树木，既影响景观，又存在倒伏的安全隐患。

对树干倾斜的树木，可针对不同情况采取相应的措施加以处理。

方法一：扶正。倾斜小树要及时扶正，并安装"护树架"进行固定。对于过高或冠幅过大的树木，在扶树前应进行"截干"或"截枝"，减轻树冠的重量。另外，由于在扶树时将造成树木根系松动和断根，因此在扶正后应将泥土压实并灌溉"定根水"，使土壤重新紧贴根系，确保树木成活。

方法二：修剪。为防止树干倾斜的大树倒伏而引发安全事故，可通过"修枝"将树干倾斜方向一侧的部分枝条清除，以改变重心，从而使树冠处于稳定的平衡状态；也可定期进行"截枝"，以减少树冠的重量。

方法三：安装永久支架。对树干虽严重倾斜，但具有较高的观赏和保护价值的树木（特别是古树名木），应安装永久支架支撑树干。在树干下方安装铁支架，并将其雕塑成树干的形状，以增强艺术效果。

方法四：砍伐。对树干倾斜严重、存在重大安全隐患且无保留价值的树木，可进行砍伐。

（7）树木与电线间距不足

行道树的树冠与架空电力线路导线的间距不符合《城市道路绿化规划与设计规范》（CJJ 75-97）的规定，容易引发安全事故。

对架空电力线路下种植的树木要定期进行"截枝"或"截干"修剪，使两者的间距符合用电安全的规定。

（8）绿化带的植物遮挡视线

在道路中间绿化带中，人行横道两侧的植物过高，遮挡行人和驾驶员的视线，容易引发交通安全事故。

为防止植物遮挡视线而引发交通安全事故，对道路绿化带路口两侧各 15m 范围内的植物要定期修剪，将高度控制在 70 cm 以下。

3. 施工管理的问题

（1）施工人员违反交通规则

园林绿化养护施工人员在马路上骑自行车逆行，或者骑着自行车横过马路，容易引发交通安全事故。对违反交通规则的施工人员要进行批评教育，甚至做出处罚。

（2）路面作业不符合安全规范

在交通繁忙的道路进行绿化改造工程施工时，施工人员未穿有反光标志的工作服，也没有划定安全保护范围和设置安全警示标志，容易引发群死群伤的交通安全事故。

广东省《城市绿地养护管理技术规范》（DB44T 268-2005）规定"在城市主、次干道，快速路或高速公路上作业时，宜选择在非交通繁忙时段进行。作业人员必须披戴具有反光标志的背心，并应在距离作业点正、反方向分别不少于 80m 和 150m 的地方设置反光警示牌及其他警示标志"。

（3）行人进入危险作业现场

在修剪树木的作业现场既没有划定安全警戒范围，也没有设置安全警示标志，行人随便在施工现场穿行，容易引发安全事故。

在进行高空修枝等危险作业时，要划定安全警戒范围，设置安全警示标志，封锁作业现场，并有专人负责维护秩序，防止行人和车辆随便进入施工现场。必要时，在确保安全的前提下可实行间歇性放行。

4. 喷施农药无防护措施

施工人员在喷施农药时手足和面部暴露于空气中，容易引发中毒事故。为防止农药喷射至人体引发中毒事故，施工人员在喷药时应着筒鞋、手套、长袖衣和长裤，戴帽子、口罩和眼镜，并站在"上风口"进行喷药；在喷药过程中，严禁用手抹汗，擦嘴、脸和眼睛；在喷药间歇时严禁抽烟、饮水或用餐；喷药结束后应立即对全身进行冲洗、更换衣物。

另外，在人多聚集的绿地喷农药时，要提前在喷药现场张贴告示。在风景区、公园和广场喷农药，应避开游客高峰期，并设立安全警示牌提醒游客注意。

5. 其他问题

（1）细小障碍物伤人

当人们在草坪上活动时，碰到类似的细小障碍物就会倒地受伤。对草坪上的细小障碍物要及时清理，以免引发安全事故。

（2）草坪上的水龙头伤人

安装在草坪上的水龙头目标不明显，当人们在草坪上活动时，稍不留神容易被绊倒。这种事故时有发生。

为防止人们靠近水龙头而引发伤人事故，对绿地上的水龙头常用以下两种方法进行处理。

方法一：将水龙头安装在花池或树木等目标明显的障碍物旁边。

方法二：在水龙头旁边种植树木或置放石块，形成目标明显的障碍物。

（3）危险区域没有安全防护措施

在游客可以到达的危险区域，既没有安装防护栏，也没有设置安全警示标志，容易引发安全事故。

为防止安全事故的发生，在危险区域要安装护栏，并设置警示标志牌提醒游客注意安全。

在大型水体的岸边，还应每隔一定距离摆放一个救生圈，在万一发生溺水事故时，便于快速救援。

6. 红火蚁伤人

红火蚁是外来入侵有害生物，攻击性强，蚁巢一旦被触动，愤怒的红火蚁就会四处扩散，并主动攻击人。被红火蚁叮螫，其排放的毒液将使人产生被火灼伤般疼痛感，继而出现水泡和脓包；严重者出现局部红肿、全身瘙痒、发热和头晕等症状；极个别严重过敏反应者，甚至会休克死亡。

园林绿地是公众场所，如果红火蚁入侵则与人接触的机会很大。为防止红火蚁伤人事故的发生，一经发现必须马上扑杀。常用方法有以下两种。

方法一：在红火蚁侵入初期，其土壤中的蚁巢尚小而浅。当发现有细小的蚁巢时，要及早用"乐福"等触杀性农药的水溶液灌透蚁巢，将巢中的蚁全部杀死。

方法二：在蚁巢上轻轻拨开一个小口，将"灭蚁清"倒入巢内；也可将"灭蚁清"散置在蚁路上，以吸引工蚁出巢取食，从而将毒饵搬回蚁巢，使毒药随红火蚁个体间的交哺而扩散到整个蚁群，将其全部杀死。

第三章　园林绿化栽植与施工

园林绿化施工时，必须按照园林绿化施工的流程，结合本地区的气候特点以及环境、地形条件等因素，选择最合适的绿化植物，结合时间特点，严格重视每一个细节工作，以大局为重，合理规划园林栽植，利用科学的种植技术做好园林绿化，为人类的生活营造一个干净舒适的绿色环境。绿化活动并不是单独存在的，它是一项高度融合了设计以及建设等要素的活动。现在，结合市场，国家制定多项管控措施来积极地进行园林组织的创建活动，切实提升设计以及建设等的能力。只有提升专业素养，才能确保项目品质得以维护，将科学性以及工艺性等多项要素融合到一起，打造出不仅节约资金，而且有实际意义，同时还非常美观的项目。

第一节　园林绿化施工概述

一、植树施工的原则

1. 必须符合规划设计要求

园林绿化栽植施工前，施工人员应当熟悉设计图纸，理解设计要求，并与设计人员进行交流，充分了解设计意图，然后严格按照图纸要求进行施工，禁止擅自更改设计。对于设计图纸与施工现场实际不符的地方，应及时向设计人员提出，在征求了设计部门的同意后，再变更设计。同时不可忽视施工建造过程中的再创造作用，可以在遵从设计原则的基础上，合理利用，不断提高，以取得最佳效果。

2. 施工技术必须符合树木的生活习性

不同树种对环境条件的要求和适应能力表现出很大的差异性，施工人员必须具备丰富的园林知识，掌握其生活习性，并在栽植时采取相应的技术措施，提高栽植成活率。

3. 合理安排适宜的植树时期

我国幅员辽阔，气候各异，不同地区树木的适宜种植期也不相同；同一地区树种生长习性也有所不同，受施工当年的气候变化和物候期差别的影响。依据树木栽植成活的基本原理，苗木成活的关键是如何使地上与地下部分尽快恢复水分代谢平衡，因此必须合理安排施工的时间并做到以下两点。

（1）做到"三随"。所谓"三随"，就是指在栽植施工过程中，做到起、运、栽一条龙，做好一切苗木栽植的准备工作，创造好一切必要的条件，在最适宜的时期内，充分利用时间，随掘苗，随运苗，随栽苗，环环扣紧，栽植工程完成后，应及时展开后期养护工作，如苗木的修剪及养护管理，这样才可以提高栽植成活率。

（2）合理安排种植顺序。在植树适宜时期内，不同树种的种植顺序非常重要，应当合理安排。原则上来讲，发芽早的树种应早栽植，发芽晚的可以推迟栽植；落叶树栽植宜早，常绿树栽植时间可晚些。

4. 加强经济核算，提高经济效益

调动全体施工人员的积极性，提高劳动效率，节约增产，认真进行成本核算，加强统计工作，不断总结经验，尤其是与土建工程有冲突的栽植工程，更应合理安排顺序，避免在施工过程中出现一些不必要的重复劳动。

5. 严格执行栽植工程的技术规范和操作规程

栽植工程的技术规范和操作规程是植树经验的总结，是指导植树施工技术的法规，必须严格执行。

二、栽植成活原理

园林树木栽植包括起苗、搬运、种植及栽后管理四个基本环节。每一位园林工作者都应该掌握这些环节与树木栽植成活率之间的关系，掌握树木栽植成活的理论基础。

1. 园林树木的栽植成活原理

正常条件生长的未移植园林树木在稳定的自然环境下，其地下与地上部分存在一定比例的平衡关系。特别是根系与土壤的密切结合，使树体的养分和水分代谢的平衡得以维持。

掘苗时会破坏大量的吸收根系，而且部分根系（带土球苗）或全部根系（裸根苗）脱离了原有协调的土壤环境，易受风吹日晒和搬运损伤等影响。吸收根系被破坏，导致植株对水分和营养物质的吸收能力下降，使树体内水分向下移动，由茎叶移向根部。当茎叶水分损失超过生理补偿点时，苗木会出现干枯、脱落、芽叶干缩等生理反应，然而这一反应进行时地上部分仍能不断地进行蒸腾等现象，生理平衡因此遭到破坏，严重时会因失水而死亡。

由此可见，栽植过程中及时维持和恢复树体以水分代谢为主的平衡是栽植成活的关键。这种平衡受起苗、搬运、种植及栽后管理技术的直接影响，同时也与栽植季节，苗木的质量、年龄、根系的再生能力等主观因素密切相关。移植时根系与地上部分以水分代谢为主的平衡关系，或多或少地遭到了破坏，植株本身虽有关闭气孔以减少蒸腾的自动调控能力，但此作用有限。受损根系，在适宜的条件下，都具有一定的再生能力，但再生大量的新根需要一段时间，恢复这种代谢平衡更需要大量时间。可见，如何减少苗木在移植过程中的根系损伤和少受风干失水，促使其迅速生出新根，与新环境建立起新的平衡关系对提高栽植成活率是尤为重要的。一切有利于迅速恢复根系再生能力，尽早使根系与土壤重新建立紧密联系，抑制地上茎叶部分蒸腾的技术措施，都能促进树木建立新的代谢平衡，并有利于提高其栽植成活率。研究表明，在移植过程中，减少树冠的枝叶量，并供应充足的水分或保持较高的空气湿度条件，可以暂时维持较低水平的代谢平衡。

园林树木栽植的原理，就是要遵循客观规律，符合树体生长发育的实际，提供相应的栽植条件和管理养护措施，协调树体地上部分和地下部分的生长发育关系，以此来维持树体水分代谢的平衡，促进根系的再生和生理代谢功能的恢复。

2. 影响树木移栽成活率的因素

为确保树木栽植成活，应当采取多种技术措施，在各个环节都严格把关。栽植经验证明，影响苗木栽植成活的因素主要有以下几点，如果一个环节失误，就可能造成苗木的死亡。

（1）异地苗木

新引进的异地苗木，在长途运输过程中水分损失较多，有些甚至不适合本地土质或气候条件，这种情况会造成苗木出现死亡，其中根系质量差的苗木尤为严重。

（2）常绿大树未带土球移植

大树移植若未带土球，导致根系大量受损，在叶片蒸腾量过大的情况下，容易出现萎蔫而死亡。

（3）落叶树种生长季节未带土球移植

在生长季节移植落叶树种，必须带土球，否则不易成活。

（4）起苗方法不当

移植常绿树时需要进行合理修剪，并采用锋利的移植工具，若起苗工具钝化易严重破损苗木根系。

（5）土球太小

移植常绿树木时，如果所带土球比规范要求小很多，也容易造成根系受损严重，导致较难成活。

（6）栽植深度不适宜

苗木栽植过浅，水分不易保持，容易干死；栽植过深则可能导致根部缺氧或浇水不透，而引起树木死亡。

（7）空气或地下水污染

有些苗木抗有害气体能力较差，栽植地附近某些工厂排放的有害气体或水质，会造成植株敏感而死亡。

（8）土壤积水

不耐涝树种栽植在低洼地，若长期受涝，很可能缺氧死亡。

（9）树苗倒伏

带土球移植的苗木，浇水之后若倒伏，应当轻轻扶起并固定，如果强行扶起，容易导致土球破坏而死亡。

（10）浇水不适

浇水速度不易过快，应当以灌透为止，如浇水速度过快，树穴表面上看已灌满水，但很可能没浇透而造成死亡。碰到干旱后恰有小雨频繁滋润的天气，也应当适当浇水，避免造成地表看似雨水充足，地下实则近乎干透而导致树木死亡的现象。

3. 提高树木栽植成活率的原则

（1）适地适树

充分了解规划设计树种的生态习性以及对栽植地区生态环境的适应能力，具备相关的成功驯化引种试验和成熟的栽培养护技术，方能保证成活率。尤其是花灌木新品种的选择应用，要比观叶、观形的园林树种更加慎重，因为此类树种除了树体成活以外，要求花果观赏性状的完美表达。因此，实行适地适树原则的最简便做法，就是选用性状优良的乡土树种，作为景观树种中的基调骨干树种，特别是在生态林的规划设计中，更应贯彻以乡土树种为主的原则，以求营造生态植物群落效应。

（2）适时适栽

应根据各种树木的不同生长特性和栽植地区的气候条件，决定园林树木栽植的适宜时期。落叶树种大多在秋季落叶后或春季萌芽开始前进行栽植；常绿树种栽植，在南方冬暖地区多行秋植，或在新梢停止生长的雨季进行。冬季严寒地区，易因秋季干旱造成"抽条"而不能顺利越冬，常以新梢萌发前春植为宜；春旱严重地区可行雨季栽植。随着社会的发展和园林建设的需要，人们对环境生态建设的要求愈加迫切，园林树木的栽植已突破了时限，"反季节"栽植已随处可见，如何提高栽植成活率也成为相关研究的重点课题。

（3）适法适栽

根据树体的生长发育状态、树种的生长特点、树木栽植时期及栽植地点的环境条件等，园林树木的栽植方法可分为裸根栽植或带土球栽植两种。近年来随着栽培技术的发展和栽培手段的更新，生根剂、蒸腾抑制剂等新的技术和方法在栽培过程中也逐渐被采用。除此之外，我们还应努力探索研究新技术方法和措施。

第二节　园林树木栽植施工技术

一、植树工程的施工工序

1. 进土方和堆造地形

（1）进土方

土壤是植树工程的基础，是苗木赖以生存的物质环境。对于栽植土方不足的工地，就需要从其他地方移土进场，且所进土壤必须是具有符合植物生长所需要的水、肥、气、热能力的栽植土。所进土方的土色应当是自然的土黄色或棕褐色，其理化性质应为无白色盐霜、疏松、不板结，性质符合"园林栽植土质量标准"。有一些土壤含有危害植物生长的成分，应禁止使用，像建筑垃圾土、盐碱土、重黏土和砂土等。对场地中原有不符合栽植条件的土壤，应根据栽植要求，全部或部分利用种植土或人造土进行改良。

（2）堆造地形

1）测设控制网。堆造地形是一项复杂的工程，具有不可毁改性，需要严格按照规划设计要求进行施工。园林工程建设场地内的地形，地物往往比较复杂，形状变化较大，这种情况会导致施工前的施测范围大，为施工测量带来一定难度，如湖岸线、道路、花坛和种植点等的施工。对于较大范围的园林工程施工测量，建设场地内的控制网测设就显得尤为重要。

园林设计中一般用方格网来控制整个施工区域，因地形的复杂程度和所采用施工方法的不同，方格网大小一般为 10 m×10 m，20 m×20 m 或 40 m×40 m 不等。布设方格网应统筹兼顾，遵循先整体后局部的工作程序，即先测设方格网的"十""口"字形主轴线，然后进行加密，全面布设方格网。施工时需在各方格点上设置控制桩，以便于测设高程和施工，桩木的标记及规格，桩上应标出桩号（施工方格网上的编号）和施工标高（挖土用"+"号，填土用"–"号）。

对于挖湖堆山等自然地形的堆造，在施工时应首先确定"湖"和"山"的边界线。堆山时随着土层的不断升高，桩不可能被土埋没，为便于识别，采用桩木的长度应大于土层的高度，同时不同层要用不同颜色标记；也可以分层放线设置标高桩。挖湖工程的放线工作与山体基本相同，但是一般水体挖得比较一致，由于池底常年隐没在水下，放线可以粗放些，岸线和岸坡等地上部分的定点放线则应该做到准确，因为这些部分，不仅对造景有影响，而且与水体岸坡的稳定有很大关系，为求精确施工，还可以用边坡样板来控制边坡坡度，增加岸坡的稳定性。

2）挖、堆土方：土方工程是园林绿化施工的物质基础，是绿化种植、景观工程等成功进行的前提，对体现园林工程的整体构思和布局、建立园林景观和植物种植组成的框架结构起到重要作用，在园林工程中应作为重要项目施工。

在挖、堆土方同时进行的施工工程中，要注意合理分配，做到土方平衡。挖出土方首先应用在堆方造型中，剩余部分可外运；地形堆筑中的缺土，可由场外运入，但是外土质量必须满足植物栽植技术规程规定。符合绿化种植设计要求的土壤是不可再生资源，在绿化设计中不可替代，因此，施工中应充分利用，做到节约资源。在通常情况下，土方工程要细致规划，应挖出原地表层的种植土，在回填一般杂土后，再将种植土覆于表层，这样地形或假山的外形既满足了工程设计要求，又能使表层土壤达到植物生长的规范要求。

挖土方主要在开挖人工河（湖）道时进行，挖后需要及时做好土方的搬运工作。人工河（湖）道的开挖，应结合现场土质条件，根据设计要求，先挖去河（湖）道中心最深部位，再按等高线，由低往高向四周逐步扩大范围。

土方工程在堆筑地形前，对土方造型和山体堆放质量可能造成不良影响的地下隐蔽物，应加以处置，经过隐蔽工程验收后，才能实施堆筑工程，施工时要对沉降、位移进行检测，一般 24 小时检测一次；对于大于地基承载能力的假山、邻近建筑物的山体等重要部位，相对标高达 7 m 时，应 12 小时检测一次。

山体表面的种植土层，堆筑时应符合园林绿化种植规范要求，表层土壤（至少 1 m 以上）必须经检验分析，符合"园林栽植土质量标准"，具备满足植物生长需要的条件。土方工程结束后，对栽植区的土壤应进行深翻，翻地深度不得小于 30 cm，并在每平方米土壤中施入 1.0~1.5 kg 的腐熟基肥。

2. 定点放线

（1）行道树的定点、放线

行道树栽植要求位置准确、株行距相等（国外有用不等距的），按设计断面定点。对道路设施完善的定点以路牙为依据，无路牙的则应找出准确的道路中心线，以此为定点依据，然后用皮尺、钢尺或测绳定出行位，再按施工要求，参考设计图纸定株距。每隔 10 株于株距中间钉一木桩（但不是钉在所挖坑穴位置上），作为行位控制标记，以确定每株树木坑（穴）位置的依据，随后用白灰点标出单株位置。由于道路绿化与市政、交通、沿途单位、居民等关系密切，对城市形象具有重要影响，因地植树位置的确定在施工时应与规划部门配合协商，定点后还必须请设计人员验点。

（2）公园绿地的定点

自然式树木种植方式主要有两种：一种是孤植，即以单株做孤赏树，并在设计图上标明单株的位置。另一种是群植，只在图上标明栽植范围，对株位没有明确规定的有树丛、片林。

3. 挖穴

栽植穴是植株生存的客观条件，对植物生长具有很大影响，因此，提高刨坑（挖穴）质量，对提高植物成活率具有重要意义。依据设计图纸确定好栽植位置后，坑穴大小应根据根系或土球大小、土质情况来确定（一般应比规定的根系或土球直径大40~80cm），并根据树种类别，确定坑的深浅，满足苗木正常生长。坑或沟槽口径要保持上下一致，避免根系在植树时不能舒展或填土不实。

4. 选苗

苗木的选择，首先应满足设计对规格和树形提出的要求，其次还要注意选择长势好、树姿端正、植株健壮、根系发达、无病虫害、无机械损伤的苗木；而且所选树苗必须在育苗期内经过翻栽，根系集中在树根和靠近根的茎。育苗期没有经过翻栽的留床老苗，移植成活率较低，即使移栽成活，生长势在多年内都较弱，绿化效果不好，不宜采用。苗木选定后，为避免挖错，要在枝干挂牌或在根基部位做出明显标记；注意挂牌时，应将标记牌挂至阳面，并在移栽时，保持同一方向，有利于促进植物生长发育，提高成活率。

5. 掘苗和包装

掘苗是植树工程中的一个重要环节。保证起掘苗木质量，是提高植树成活率和决定最终绿化成果的关键因素。苗木优秀的原生长品质是保证苗木质量的基础，但正确的掘苗方法、合理的时间安排和认真负责的组织操作，却是提高掘苗质量的关键。掘苗质量的高低还与土壤含水情况、工具锋利程度、包装材料适用与否有关，事前做好充分的准备工作尤为重要。

6. 运苗和假植

苗木运输质量同样是影响移植成活的关键因素。实践证明，在施工过程中做到"随掘、随运、随栽"，可以提高栽植成活率。减少树根在空气中暴露的时间，减轻水分蒸发和机械磨损，对树木成活大有益处。如果需要长途运苗，为提高栽植成活率，还应做好调度工作，加强对苗木的保护。

7. 移植修剪

园林树木的栽植修剪由种植前修剪和种植后修剪两个阶段组成。种植前修剪从掘苗前就要开始进行，一些苗木枝干过高或树冠大，树体重量也大，给挖掘、运输、装车带来很多困难，需在挖掘之前就进行适当修剪。有些树则需要在挖掘放倒后、装车前进行适当的修剪，有些树则可以在运到施工现场卸车后种植前再进行修剪。树木种植前修剪受到多种情况的影响，包括树木习性、运输距离、栽植季节和栽植环境等。种植后修剪则是种植工作完成以后为协调苗木与栽植地环境关系等，提高成活率，营造景观效果所进行的修剪。

8. 栽植

选择一天中光照较弱、气温较低的时间栽植苗木，以上午 11 点以前，下午 3 点以后进行为好，如果阴天无风则更佳。树木种植前，要再次检查种植穴的挖掘质量与树木的根系是否结合，坑较小的要进行加大加深处理，并在坑底垫 10~20 cm 的疏松土壤（表土），使土堆呈锥形，便于根系顺锥形土堆四下散开，保证根系舒展开。将苗木立入种植穴内扶直，分层填土，提苗至合适程度、踩实固定。裸根苗、土球苗的栽植技术也各不相同。

二、栽培季节

适宜的植树季节是指环境条件和物候状况最利于树木成活，且所花费的人力物力却较少的时期，一般取决于树木的种类、生长状态和外界环境条件。植树时期选择基本原则是要尽量减少外界条件对栽植树木正常生长的影响，尽最大努力提高劳动效率。

树木有其自身的年周期生长发育规律，从春季发芽、夏季生长到秋后落叶前为生长期，此期生理活动旺盛，对不良环境的抵抗力弱，生长发育受外界环境因子的影响明显；自秋季落叶后到春季萌芽前这段时间为树木休眠期，此期各项生理活动较弱，消耗营养物质最少，对外界环境条件的变化不敏感，因而对不良环境因素的抵抗力强。根据栽植成活原理，应选择外界环境最有利于水分供应和树木本身生命活动最弱、水分蒸腾最小、消耗养分最少，且栽植后能够快速正常发育的时期，这一时期为植树的最好季节。因此，温带地区植树以树木的休眠期最为适宜。

我国大部分地区和大多数树种最适宜的植树季节是早春和晚秋，即树木落叶后开始进入休眠期至土壤冻结前，以及树木萌芽前刚开始生命活动的这段时期。这两个时期树木的生理活动弱，对水分和养分的需要量不大，容易得到满足，而且此时树体内还储存有大量的营养物质，又有一定的生命活动能力，有利于促进伤口愈合和生发新根，是栽植成活率最高的时期。至于春植好还是秋植好，则须依不同树种和不同地区条件而定，具体各地区哪个时期最适合植树，要根据不同树种生长的特点和当地的气候特点来决定。即便在同一植树季节，南北方地区可能还要相差一个月之久，因此需要在实际工作中灵活运用。

三、栽植施工技术

树木的栽植程序包括从起苗、运输、定植到栽后管理这四大环节中的所有工序，一般的工序和环节又包括栽植前的准备、放线、定点、挖穴、换土、掘苗、包装、运输、假植、修剪、栽植、栽后管理与现场清理等。所有这些工序或环节按顺序完成，才能标志一个完整的栽植施工的完成，所以要把它们综合起来学习理解。

1. 园林树木栽植施工前的准备

（1）栽植前的准备

1）明确设计意图及施工任务量。在接受施工任务后，及时与工程主管部门及设计单位交流，明确工程范围及任务量、工程施工期限、工程投资及设计概（预）算、设计意图，按照实际需要确定定点放线的依据、工程材料来源，并排查运输情况。掌握施工地段的地上、地下情况，包括有关部门对地上物的保留和处理要求等；特别要了解地下各种电缆及管线的分布情况，以免施工时造成事故。

2）编制施工组织计划。在明确设计意图及施工任务量的基础上，还应对施工现场进行调查，主要项目有了解施工现场的土质情况，确定施工方案，并计算所需客土量；了解场地内的交通状况，是否方便各种施工车辆和吊装机械出入；了解供水、供电及生活设施是否完善等。根据所了解的情况和资料编制施工组织计划，其主要内容有：施工组织领导，施工程序及进度，制订劳动定额，制订机械及运输车辆使用计划及进度表，制订工程所需的材料、工具及提供材料工具的进度表，制订栽植工程的技术措施和安全、质量要求，绘出平面图，在图上应标出苗木假植位置、运输路线和灌溉设备等的位置、制定施工预算。

（2）施工现场准备

清除施工现场内生活、化工、建筑垃圾以及渣土等，需要进行拆迁和迁移的市政设施、房屋树木，应提前做好准备，然后按照设计图纸进行地形整理，主要使其与四周道路、广场的标高合理衔接，使绿地排水系统通畅。有的地形较大，需用机械平整，这还要事先了解地下管线的分布，避免施工过程中破坏管线。

2. 栽植工程的施工原则

栽植工程的施工原则和植树工程的施工原则类似。

3. 栽植地的整理与改良

土壤是苗木赖以生存的环境，施工前栽植地整理水平的高低，对树木成活率具有很大影响。整地主要包括栽植地地形、地势整理及土壤整理与改良。

（1）地形、地势整理

地形整理是指根据绿化设计图纸的要求，平整土地，清除障碍物，保持其在平面上的一致。地势整理应做好土方调度，先挖后垫，节省投资。

地形、地势整理应相互结合，同时进行，并着重考虑绿地的排水问题。绿化排水主要依靠地面坡度，从地面自行径流排到道路旁的下水道或排水明沟，一般都不需要埋设排水管道。所以要根据本地区排水的大趋向，将绿化地块适当填高，再整理成一定坡度，与本地区排水趋向保持一致。

（2）地面土壤整理

树木定植前必须在种植植物的范围内，对土壤进行整理，给植物创造良好的生长环境。在园林中整地主要分为全面整地和局部整地两种，播种、铺设草坪以及栽植灌木的地段，特别是要用灌木营造一定模纹效果的地面，应全面整地。实施全面整地时应进行全面翻耕，以此清除土壤中的建筑垃圾、石块、渣土等。进行全面整地的地段翻耕深度应保持15~30cm，整地过程中应将土块敲碎确保场地平整。针对小块分散绿地或坡度较大而易发生水土流失的山坡地需进行局部的块状或带状整地。局部整地过程中也要清理土壤中的垃圾杂物，夯实坑塘塘土，并结合栽植树木的实际需要对土壤施肥，随后混匀耙平耙细。

（3）土壤改良

土壤改良是通过采用物理、化学和生物相结合的方式，改善土壤理化性质，进而提高土壤肥力的方法，主要包括栽植前的整地、施基肥，栽植后的松土、施肥等。在建筑遗址、工程遗弃物、矿渣炉灰地修建绿地，应预先清除渣土并根据土质情况制定改良措施，必要时可进行换土，树木定植位置上的土壤改良一般在定点挖穴后进行。对于那些土层薄、土质较差而且土壤污染严重的绿化地段，应于树木栽植前实施填换土。需要换土的区域，应先运走杂石弃渣或被污染的土壤，再填新土，填换土应结合竖向设计的标高或地貌造型来进行。

4.园林苗木的处理和运输

苗木的处理和运输包括苗木的起掘、修剪、包装、保护、处理和运输等环节和内容。

（1）苗木的处理和保护

苗木的处理是指苗木从挖掘前直至栽植后，为提高苗木的成活率所采取的技术手段。比如掘苗前进行适度的修剪，并对伤口进行处理，防止腐烂；若苗木起挖过程中对土球造成一定的破损，需要对土球进行复原；苗木起挖后若短时间内不能装车运输，为避免风吹雨打和太阳暴晒，应对土球或者整个树体进行覆盖；苗木在装车后对其进行消毒处理；苗木运到栽植地后，为保持根系活力，栽植前对部分树苗的根系进行浸泡。这些处理手段和措施是苗木处理常见的方式，应视具体情况灵活运用。

1）修剪。在起苗过程中，无论施工人员怎样小心，总会无意损伤一部分根系和干枝，对受损干枝进行一定程度的修剪，既可以保持良好的树形，又能提高栽后成活率，也有利于起苗和运苗。修剪的内容主要有已经劈裂、严重磨损、生长不正常的偏根、过长根；在不影响树形美观的前提下采用截枝、疏枝、剪半叶或疏去部分叶片的方法修剪树枝，以减少蒸腾作用。较高的树木在栽植前就应进行第一次修剪，低矮树种可于栽后修剪，行道树分枝点应保持在 3.2 m 以上。阔叶落叶树栽植前应进行疏枝处理并剪除影响树形的枝条，以减少蒸腾面积，营造树形；针叶树可以只剪除萌芽较强树种的地上部分，以求发出更强主干，而一般苗木则可不予修剪。裸根苗起苗后要剪根，适当剪短过长的主根及须根，除去受损根系和病虫根；带土球的苗木可将土球外边露出的较大根段的伤口剪齐，剪短过长须根。

起苗过程中不能采用完好土球的苗木，应剪除植株老根、烂根，用泥浆将裸根包实后，再用湿草和草袋包裹，装车前检查苗木，并剪除枯黄枝叶，根据土球完好程度适当剪除部分茎干，破损严重的要采取截干处理，再结合截枝整形等方法最大限度保其成活。

2）苗木的保护。苗木在挖掘前直至栽植后，为防止损伤，提高栽植成活率，必须采取一定的保护措施。比如起挖规格较大的苗木时在其即将倒地之前，事先用扶木对树冠进行支撑，以避免倒地时树冠中部分枝条被压断等。苗木的保护手段和措施的采用也应视具体情况灵活运用。

（2）苗木的运输

苗木的运输包括前面提到的苗木的装车、苗木的运输和苗木的卸车。

5. 栽植穴的确定与要求

（1）栽植穴的确定

栽植穴的确定是改地适树，协调栽植地与苗木之间的相互关系，为根系生长创造良好的环境，是提高栽植成活率和促进树木生长的重要环节。首先要做好准备工作，即仔细查看种植设计施工图，明确其要求，然后通过平板仪、网格法、交会法等定点放线的方法确定栽植穴的位置，并在株位中心撒白灰或立标杆作为标记。在定点放线过程中，若发现设计与场地实际情况不符，如栽植的位置与建筑相冲突，应及时向设计单位和建设单位反馈，以便调整。

（2）刨坑（挖穴）

挖穴的质量好坏，是影响植株栽植后生长的主要因素。栽植乔木类树种，还应提前开展刨坑工作。例如，栽植春檀，若能提前至上一年的秋冬季安排挖穴，可以促进基肥的分解和栽植土的风化，能够有效地提高成活率。

6. 栽植修剪

（1）栽植过程中的修剪整形

栽植过程中的修剪整形，主要是对苗木根部和树冠进行修剪，以此培养良好的树形，并减少蒸腾，从而提高成活率。

（2）栽后修剪

树木在定植前一般都按照需求已进行了或多或少的修剪，但多数树木特别是中等以下规格的苗木都在定植后修剪或复剪，主要是复剪受伤枝条和栽后影响景观效果的枝条。规格较大的落叶乔木，尤其是生长势较强、容易抽出新枝的树木，都可进行强修剪，树冠可剪除 1/2 以上，这样既可减弱蒸腾作用，维持树体的水分平衡，还能降低树体重量，减轻根系负担，减弱风力对树冠的影响，避免招风摇动，增强苗木栽植后的稳定性。圆头形常绿乔木，若树冠枝条茂密，则可适量疏枝。具轮生侧枝的常绿乔木，如果要用作行道树，可将基部 2~3 层轮生侧枝剪除。常绿针叶树，修剪量不宜过大，只剪除病枝、枯枝、弱枝、过密的轮生枝和下垂枝即可。

枝条茂密的大灌木，可根据实际情况适量疏枝。嫁接灌木，应剪除接口以下砧木上的萌发新枝。如果小灌木分枝明显或者新枝着生花芽，应顺其树势适当强剪，更新老枝，促生新枝，以此培养良好树形。用作绿篱的灌木，可在种植完成后按设计要求修剪整形。双排绿篱应呈半丁字排列，树冠丰满方向向外。栽后再统一修剪。在苗圃内已培育成形的绿篱，种植后应切合实际加以整修。

攀缘类和藤蔓性苗木，可剪除过长部分。攀缘上架苗木，可剪除交错枝、横向生长枝。

7. 定植

定植是指按设计要求将苗木栽植到位，随后不再移动的程序，按其操作顺序分配苗和栽苗。

8. 养护管理

养护管理是树木栽植中尤为重要的一项工作，也是确保栽植成活率的关键。栽植后的养护管理在前面已做详细介绍，这里所讲的仅是树木栽植工程按设计要求定植完毕后，短期内所做的养护管理工作。

定植完成后应立即灌透水，如超过一昼夜无雨应浇上头遍水；干旱或多风地区栽后还必须连夜浇水。浇水时一定要灌透树坑，确保土壤充分吸水，促进根系与土壤密切接合，保证苗木能够成活。浇水时应注意不要冲垮水堰，待水完全渗透后，立即检查苗木是否有倒伏现象并扶直，将塌陷处填实土壤，随后在表层覆盖细干土。第三遍浇水待渗透之后，可铲除水堰，将土堆于干基处，使其略高于地面。树木封堰后及时清理现场，保持场地清洁美观，并对受伤枝条或修剪不理想的进行复剪，最后设专人负责养护管理，避免新栽苗木遭到人畜破坏。

第四章　园林绿化养护管理

随着社会经济的发展，城市绿化的重要性已经得到政府和公众的认可。城市绿化的水平和质量直接反映了城市的环境质量和特点，从而直接反映了城市的发展水平和文明程度。只有不断地开发和创新园林工程的内容，才能满足人们对城市绿化环境的更高要求，进而改善人们的居住环境。在园林建设过程中，养护管理是园林绿化工程中的一项重要工作。做好这项工作，对社会经济的发展非常有利。

第一节　园林植物的土壤管理

一、土壤的概念和形成

土壤是园林植物生长发育的基础，也是其生命活动所需水分和营养的源泉。因此，土壤的类型和条件直接关系园林植物能否正常生长。由于不同的植物对土壤的要求是不同的，栽植前了解栽植地的土壤类型，对于植物种类的选择具有重要的意义。据调查，园林植物生长地的土壤有以下几种类型。

1. 荒山荒地

荒山荒地的土壤还未深翻熟化，其肥力低，保水保肥能力差，不适宜直接作为园林植物的栽培土壤。如需荒山造林，则需要选择非常耐贫瘠的园林植物种类，如荆条、酸枣等。

2. 平原沃土

平原沃土适合大部分园林植物生长，是比较理想的栽培土壤，多见于平原地区城镇的园林绿化区。

3. 酸性红壤

在我国长江以南地区常有红壤土。红壤土呈酸性，土粒细、结构不良。水分过多时，土粒吸水呈糊状；干旱时水分容易蒸发散失，土块易变得紧实坚硬，常缺乏氮、磷、钾等元素。许多植物不能适应这种土壤，因此需要改良。例如，增施有机肥、磷肥、石灰，扩大种植面，并将种植面连通，开挖排水沟或在种植面下层设排水层等。

4. 水边低湿地

水边低湿地的土壤一般比较紧实，水分多，但通气不良，而且北方低湿地的土质多带盐碱，对植物的种类要求比较严格，只有耐盐碱的植物能正常生长，如柳树、白蜡树、刺槐等。

5. 沿海地区的土壤

滨海地区如果是沙质土壤，盐分被雨水溶解后就能够迅速排出；如果是黏性土壤，因透水性差，会残留大量盐分。为此，应先设法排洗盐分，如淡水洗盐和增施有机肥等措施，再栽植园林植物。

6. 紧实土壤

城市土壤经长时间的人流践踏和车辆碾压，土壤密度增加，孔隙度降低，导致土壤通透性不良，不利于植物的生长发育。这类土壤需要先进行翻地松土，增添有机质后再栽植植物。

7. 人工土层

如建筑的屋顶花园、地下停车场、地下铁道、地下储水槽等上面栽植植物的土壤一般是人工修造的。人工土层这个概念是针对城市建筑过密现象而提出的解决土地利用问题的一种方法。由于人工土层没有地下毛细管水的供应，而且土壤的厚度受到限制，土壤水分容量小，因此人工土层如果没有及时的雨水或人工浇水，则土壤会很快干燥，不利于植物的生长。又由于土层薄，受外界温度变化的影响比较大，导致土壤温度变化幅度较大，对植物的生长也有较大的影响。由此可见，人工土层的栽植环境不是很理想。由于上述原因，人工土层中土壤微生物的活动也容易受影响，腐殖质的形成速度缓慢，由此可见人工土层的土壤构成选择很重要。为减轻建筑，特别是屋顶花园负荷和节约成本，要选择保水、保肥能力强，质地轻的材料，如混合硅石、珍珠岩、煤灰渣、草炭等。

8. 市政工程施工后的场地

在城市中由于施工将未熟化的新土翻到表层，使土壤肥力降低。机械施工、碾压，则会导致土壤坚硬、通气不良。这种土壤一般需要经过一定的改良才能保证植物的正常生长。

9. 煤灰土或建筑垃圾土

煤灰土或建筑垃圾土是在生活居住区产生的废物，如煤灰、垃圾、瓦砾、动植物残骸等形成的煤灰土以及建筑施工后留下的灰槽、灰渣、煤屑、沙石、砖瓦块、碎木等建筑垃圾堆积而成的土壤。这种土壤不利于植物根系的生长，一般需要在种植坑中换上比较肥沃的土壤。

10. 工矿污染地

由于矿山、工厂等排出的废物中的有害成分污染土地，致使树木不能正常生长。此时除选择抗污染能力强的树种外，也可以换土，不过换土成本太高。

除以上类型外，还有盐碱土、重黏土、沙砾土等土壤类型。在栽植前应充分了解土壤类型，然后根据具体的植物种类和土壤类型，有的放矢地选择植物种类或改良土壤的方法。

二、园林植物栽植前的整地

整地包括土壤管理和土壤改良两个方面，它是保证园林植物栽植成活和正常生长的有效措施之一。很多类型的土壤需要经过适当调整和改造，才能适合园林植物的生长。不同的植物对土壤的要求是不同的，但是一般而言，园林植物都要求保水保肥能力好的土壤，而在干旱贫瘠或水分过多的土壤上，往往会导致植物生长不良。

1. 整地的方法

园林植物栽植地的整地工作包括适当整理地形、翻地、去除杂物、碎土、耙平、填压土壤等内容，具体方法应根据具体情况进行。

（1）一般平缓地区的整地

对于坡度在 8° 以下的平缓耕地或半荒地，可采取全面整地的方法。常翻耕 30 cm 深，以利于蓄水保墒。对于重点区域或深根性树种可深翻 50 cm，并增施有机肥以改良土壤。为利于排除过多的雨水，平地整地要有一定坡度，坡度大小要根据具体地形和植物种类而定，如铺种草坪，适宜坡度为 2%~4%。

（2）工程场地地区的整地

在这些地区整地之前，应先清除遗留的大量灰渣、沙石、砖石、碎木及建筑垃圾等，在土壤污染严重或缺土的地方应换入肥沃土壤。如有经夯实或机械碾压的紧实土壤，整地时应先将土壤挖松，并根据设计要求做地形处理。

（3）低湿地区的整地

这类地区由于土壤紧实，水分过多，通气不良，又多带盐碱，常使植物生长不良。可以采用挖排水沟的办法，先降低地下水位防止返碱，再行栽植。具体办法是在栽植前一年，每隔 20 m 左右挖一条 1.5~2.0 m 宽的排水沟，并将挖出的表土翻至一侧培成垅台。经过一个生长季的雨水冲洗，土壤盐碱含量减少，杂草腐烂，土质疏松，不干不湿，再在垅台上栽植。

（4）新堆土山的整地

园林建设中由挖湖堆山形成的人工土山，在栽植前要先令其经过至少一个雨季的自然沉降，再整地植树。由于这类土山多数不太大，坡度较缓，又全是疏松新土，整地时可以按设计要求进行局部的自然块状调整。

（5）荒山整地

在荒山上整地，要先清理地面，挖出枯树根，搬除可以移动的障碍物。坡度较缓、土层较厚时，可以用水平带状整地法，即沿低山等高线整成带状，因此又称环山水平线整地。在水土流失较严重或急需保持水土、使树木迅速成林的荒山上，则应采用水平沟整地或鱼鳞坑整地，也可以采用等高撩壕整地法。在我国北方土层薄、土壤干旱的荒山上常用鱼鳞坑整地，南方地区常采用等高撩壕整地。

2. 整地时间

整地时间的早晚关系园林栽植工程的完成情况和园林植物的生长效果。一般情况下应在栽植前三个月以上的时期内（最好经过一个雨季）完成整地工作，以便蓄水保墒，并可保证栽植工作及时进行，这一点在干旱地区尤其重要。如果现整现栽，栽植效果将会大受影响。

三、园林植物生长过程中的土壤改良

园林植物生长过程中的土壤改良和管理的目的是，通过各种措施来提高土壤的肥力，改善土壤结构和理化性质，不断供应园林植物所需的水分与养分，为其生长发育创造良好的条件。同时结合其他措施，维持园林地形地貌整齐美观，防止土壤被冲刷和尘土飞扬，增强园林景观效果。

园林绿地的土壤改良不同于农田的土壤改良，不可能采用轮作、休闲等措施，只能采用深翻、增施有机肥、换土等手段来完成，以保持园林植物正常生长几十年至几百年。园林绿地的土壤改良常采用的措施有深翻熟化、客土改良、培土（掺沙）和施有机肥等。

1. 深翻熟化

对植物生长地的土壤进行深翻，有利于改善土壤中的水分和空气条件，使土壤微生物活动增加，促进土壤熟化，使难溶性营养物质转化为可溶性养分，有助于提高土壤肥力。如果深翻时结合增施适当的有机肥，还可改善土壤结构和理化性质，促使土壤团粒结构的形成，提高孔隙度。

对于一些深根性园林植物，深翻整地可促使其根系向纵深发展；对一些重点树种进行适时深耕，可以保证供给其随年龄的增长而增加的水、肥、气、热的需要。采取合理深翻、适量断根措施后，可刺激植物发生大量的侧根和须根，提高吸收能力，促使植株健壮，叶片浓绿，花芽形成良好。深翻还可以破坏害虫的越冬场所，有效消灭地下害虫，减少害虫数量。因此，深翻熟化不仅能改良土壤，而且能促进植物生长发育。

深翻主要的适用对象为片林、防护林、绿地内的丛植树、孤植树下边的土壤。对一些城市中的公共绿化场所，如有铺装的地方，就不适宜用深翻措施，可以借助其他方式（如打孔法）解决土壤透气、施肥等问题。

（1）深翻时间

深翻时间一般以秋末冬初为宜。此时，地上部分生长基本停止或趋于缓慢，同化产物消耗减少，并已经开始回流积累。深翻后正值根部秋季生长高峰，伤口容易愈合，容易发出部分新根，吸收和合成营养物质积累在树体内，有利于树木翌年的生长发育；深翻后经过冬季，

有利于土壤风化积雪保墒；深翻后经过大量灌水，土壤下沉，土粒与根系进一步密接，有助于根系生长。早春土壤化冻后也可及早进行深翻，此时地上部分尚处于休眠期，根系活动刚开始，生长较为缓慢，伤根后也较易愈合再生（除某些树种外）。由于春季养护管理工作繁忙，劳动力紧张，往往会影响深翻工作的进度。

（2）深翻深度

深翻深度与地区、土壤种类、植物种类等有关，一般为 60~100 cm。在一定范围内，翻得越深效果越好，适宜深度最好距根系主要分布层稍深、稍远一些，以促进根系向纵深生长，扩大吸收范围，提高根系的抗逆性。黏重土壤深翻应较深，沙质土壤可适当浅耕。地下水位高时深翻宜浅，下层为半风化的岩石时则宜加深以增厚土层。深层为砾石，应翻得深些，拣出砾石并换好土，以免肥、水淋失。地下水位低，土层厚，栽植深根性植物时则宜深翻，反之则浅。下层有黄淤土、白干土、胶泥板或建筑地基等残存物时深翻深度则以打破此层为宜，以利于渗水。

为提高工作效率，深翻常结合施肥、灌溉同时进行。深翻后的土壤，常维持原来的层次不变，就地耕松掺施有机肥后，再将新土放在下部，表土放在表层。有时为了促使新土迅速熟化，也可将较肥沃的表土放置沟底，而将新土覆在表层。

（3）深翻范围

深翻范围视植物配置方式确定。如是片林、林带，由于梢株密度较大可全部深翻；如是孤植树，深翻范围应略大于树冠投影范围。深度由根茎向外由浅至深，以放射状逐渐向外进行，以不损伤 1.5~2 cm 以上粗根为度。为防止一次伤根过多，可将植株周围土壤分成四份，分两次深翻。

对于有草坪或有铺装的树盘，可以结合施肥采用打孔的方法松土，打孔范围可适当扩大。对于一些土层比较坚硬的土壤，因无法深翻，可以采用爆破法松土，以扩大根系的生长吸收范围。由于该法需在公安机关批准后才能应用，且在离建筑物近、有地面铺装或公共活动场所等地不能使用，故该法在园林上应用还比较少。

2. 土壤化学改良

（1）施肥改良

施肥改良以施有机肥为主，有机肥能增加土壤的腐殖质，提高土壤保水保肥能力，改良熟土的结构，增加土壤的孔隙度，调节土壤的酸碱度，从而改善土壤的水、肥、气、热状况。常用的有机肥有厩肥、堆肥、禽肥、鱼肥、饼肥、人粪尿、土杂肥、绿肥以及城市中的垃圾等，但这些有机肥均需经过腐熟发酵后才可使用。

（2）调节土壤酸碱度

土壤的酸碱度主要影响土壤养分的转化与有效性，土壤微生物的活动和土壤的理化性质等，因此与园林植物的生长发育密切相关。绝大多数园林植物适宜中性至微酸性的土壤，然而我国许多城市的园林绿地中，南方城市的土壤 pH 值常偏低，北方常偏高。土壤酸碱度的调节是一项十分重要的土壤管理工作。

1）土壤的酸化处理。土壤酸化是指对偏酸性的土壤进行必要的处理，使其 pH 值有所降低，从而适宜酸性园林植物的生长。目前，土壤酸化主要通过施用释酸物质来调节，如施用有机肥料、生理酸性肥料、硫黄等，通过这些物质在土壤中的转化，产生酸性物质，降低土壤的 pH 值。如盆栽园林植物可用 1：50 的硫酸铝钾，或 1：180 的硫酸亚铁水溶液浇灌来降低盆栽土的 pH 值。

2）土壤碱化处理。土壤碱化是指往偏酸的土壤中施加石灰、草木灰等碱性物质，使土壤 pH 值有所提高，从而适宜一些碱性园林植物生长。比较常用的是农业石灰，即石灰石粉（碳酸钙粉）。使用时石灰石粉越细越好（生产上一般用 300~450 目），这样可增加土壤内的离子交换强度，以达到调节土壤 pH 值的目的。

3. 生物改良

（1）植物改良

植物改良是指通过有计划地种植地被植物来达到改良土壤的目的。其优点是一方面能增加土壤可吸收养分与有机质含量，改善土壤结构，降低蒸发，控制杂草丛生，减少水、土、肥流失与土湿的日变幅，又利于园林植物根系生长；另一方面，是在增加绿化量的同时避免地表裸露，防止尘土飞扬，丰富园林景观。这类地被植物的一般要求是适应性强，有一定的耐阴、耐践踏能力，根系有一定的固氮力，枯枝落叶易于腐熟分解，覆盖面大，繁殖容易，并有一定的观赏价值。常用的种类有五加、地瓜藤、胡枝子、金银花、常春藤、金丝桃、金丝梅、地锦、络石、扶芳藤、荆条、三叶草、马蹄金、萱草、沿阶草、玉簪、羽扇豆、草木樨、香豌豆等，各地可根据实际情况灵活选用。

（2）动物与微生物改良

利用自然土壤中存在的大量昆虫、原生动物、线虫、菌类等改善土壤的团粒结构、通气状况，促进岩石风化和养分释放，加快动植物残体的分解，有助于土壤的形成和营养物质转化。利用动物改良土壤，一方面，要加强土壤中现有有益动物种类的保护，对土壤施肥、农药使用、土壤与水体污染等要严格控制，为动物创造一个良好的生存环境；另一方面，使用生物肥料，如根瘤菌、固氮菌、磷细菌、钾细菌等。这些生物肥料含有多种微生物，它们生命活动的分泌物与代谢产物，既能直接给园林植物提供某些营养元素、激素类物质、各种酶等，促进树木根系的生长，又能改善土壤的理化性能。

4. 疏松剂改良

使用土壤疏松剂，可以改良土壤结构和生物学活性，调节土壤酸碱度，提高土壤肥力。如国外生产上广泛应用的聚丙烯酰胺，是人工合成的高分子化合物，使用时先把干粉溶于80℃以上的热水，制成2%的母液，再稀释10倍浇灌至5 cm深的土层中，通过其离子链、氢键的吸引使土壤形成团粒结构，从而优化土壤水、肥、气、热的条件，达到改良土壤的目的，其效果可达3年以上。

土壤疏松剂的类型可大致分为有机、无机和高分子三种。其主要功能是蓬松土坡，提高置换容量，促进微生物活动；增加孔隙，协调保水与通气性、透水性；使土壤粒子团粒化。目前，我国大量使用的疏松剂以有机类型为主，如泥炭、锯末粉、谷糠、腐叶土、腐殖土、家畜厩肥等。这些材料来源广泛，价格便宜，效果较好，使用时要先发酵腐熟，并与土壤混合均匀。

5. 培土（压土与掺沙）

这种改良的方法在我国南北各地区普遍采用，具有增厚土层、保护根系、增加营养、改良土壤结构等作用。在高温多雨、土壤流失严重的地区或土层薄的地区可以采用培土措施，以促进植物健壮生长。

北方寒冷地区培土一般在晚秋初冬进行，可起到保温防冻、积雪保墒的作用。压土掺沙后，土壤经熟化、沉实，有利于园林植物的生长。

培土时应根据土质确定培土基质类型，如土质黏重的应培含沙质较多的疏松肥土甚至河沙；含沙质较多的可培塘泥、河泥等较熟重的肥土和腐殖土。培土量和厚度要适宜，过薄起不到压土作用，过厚对植物生长不利。沙压黏或黏压沙时要薄一些，一般厚度为5~10cm，压半风化石块可厚些，但不要超过15 cm。如连续多年压土，土层过厚会抑制根系呼吸，而影响植物生长和发育。有时为了防止接穗生根或对根系的不良影响，可适当扒土露出根茎。

6. 管理措施改良

（1）松土透气、控制杂草

松土、除草可以切断土壤表层的毛细管，减少土壤蒸发，防止土壤泛碱，改善土壤通气状况，促进土壤微生物活动和难溶养分的分解，提高土壤肥力。早春松土，可以提高土温，有利于根系生长；清除杂草也可以减少病虫害。

松土、除草的时间，应在天气晴朗或者初晴之后土壤不干又不湿时进行，才可获得最大的保墒效果。

（2）地面覆盖与地被植物

利用有机物或活的植物体覆盖地面，可以减少水分蒸发，减少地表径流，减少杂草生长，增加土壤有机质，调节土壤温度，为园林植物生长创造良好的环境。若在生长季覆盖，以后把覆盖物翻入土中，可增加土壤有机质，改善土壤结构，提高土壤肥力。覆盖的材料以就地取材、经济实用为原则，如杂草、谷草、树叶、泥炭等均可，也可以修剪草坪的碎草用以覆盖。覆盖时间选在生长季节温度较高而较干旱时进行较好，覆盖的厚度以 3~6 cm 为宜，鲜草 5~6 cm，过厚会有不利的影响。

除地面覆盖外，还可以用一、两年生或多年生的地被植物如绿豆、黑豆、苜蓿、苕子、猪屎豆、紫云英、豌豆、草木樨、羽扇豆等改良土壤。对这类植物的要求是适应性强、有一定的耐阴力、覆盖作用好、繁殖容易、与杂草竞争的能力强，但与园林植物的矛盾不大，同时还要有一定的观赏或经济价值。这些植物除有覆盖作用之外，在开花期翻入土内，可以增加土壤有机质，也起到施肥的作用。

7. 客土栽培

所谓客土栽培，就是将其他地方土质好、比较肥沃的土壤运到本地来，代替当地土壤，然后进行栽植的土壤改良方式。此法改良效果较好，但成本高，不利于广泛应用。客土应选择土质好、运送方便、成本低、不破坏或不影响基本农田的土壤，有时为了节约成本，可以只对熟土层进行客土栽植，或者采用局部客土的方式，如只在栽植坑内使用客土。客土也可以与施有机肥等土壤改良措施结合应用。

园林植物在遇到以下情况时需要进行客土栽植。

（1）有些植物正常生长需要的土壤有一定酸碱度，而本地土壤又不符合要求，这时要对土壤进行处理和改良。例如在北方栽植杜鹃、山茶等酸性土植物，应将栽植区全换成酸性土。如果无法实现全换土，至少也要加大种植坑，倒入山泥、草炭土、腐叶土等并混入有机肥料，以符合对酸性土的要求。

（2）栽植地的土壤无法适宜园林植物生长的，如坚土、重黏土、沙砾土及被有毒的工业废物污染的土壤等，或在清除建筑垃圾后仍不适宜栽植的土壤，应增大栽植面，全部或部分换入肥沃的土壤。

第二节　园林植物的灌排水管理

水分是植物的基本组成部分，植物体质量的 40%~80% 是由水分组成的，植物体内的一切生命活动都是在水的参与下进行的。只有水分供应适宜，园林植物才能充分发挥其观赏效果和绿化功能。

一、园林植物科学水分管理的意义

1.做好水分管理

做好水分管理是园林植物健康生长和正常发挥功能与观赏特性的保障。植株缺乏水分时，轻者会植株萎蔫，叶色暗淡，新芽、幼苗过早脱落，重者新梢停止生长，枝叶发黄变枯、落叶，甚至整株干枯死亡。水分过多时会造成植株徒长，引起倒伏，抑制花芽分化，延迟开花期，易出现烂花、落蕾、落果现象，甚至引起烂根。

2.做好水分管理，能改善园林植物的生长环境

水分不但对园林绿地的土壤和气候环境有良好的调节作用，还与园林植物病虫害的发生密切相关。如在高温季节进行喷灌可降低土温，提高空气湿度，调节气温，避免强光、高温对植物的伤害；干旱时土壤洒水，可以改善土壤微生物生活环境，促进土壤有机质的分解。

3.做好水分管理，可节约水资源，降低养护成本

我国是缺水国家，水资源十分有限，而目前的绿化用水大多为自来水，与生产、生活用水的矛盾十分突出。因此，制订科学合理的园林植物水分管理方案，实施先进的灌排技术，确保园林植物对水分需求的同时减少水资源的损失浪费，降低养护管理成本，是我国现阶段城市园林管理的客观需要和必然选择。

二、园林植物的需水特性

了解园林植物的需水特性，是制订科学的水分管理方案、合理安排灌排水工作、适时适量满足园林植物水分需求、确保园林植物健康生长的重要依据。园林植物需水特性主要与以下因素有关。

1.园林植物种类

不同的园林植物种类、品种对水分需求有较大的差异，应区别对待。一般来说，生长速度快，生长期长，花、果、叶量大的种类需水量较大；反之，需水量较小。因此，通常乔木比灌木，常绿树比落叶树，阳性植物比阴性植物，浅根性植物比深根性植物，中生、湿生植物比旱生植物需要较多的水分。需注意的是，需水量大的种类不一定需常湿，需水量小的也不一定可常干，而且耐旱力与耐湿力并不完全呈负相关关系。如抗旱能力比较强的紫槐，其耐水湿能力也很强。刺槐同样耐旱，却不耐水湿。

2. 园林植物的生长发育阶段

就园林植物的生命周期而言，种子萌发时需水量较大；幼苗期由于根系弱小而分布较浅，抗旱力差，虽然植株个体较小，总需水量不大，但必须经常保持土壤适度湿润；随着逐渐长大，植株总需水量有所增加，对水分的适应能力也有所增强。

在年生长周期中，生长季的需水量大于休眠期。秋冬季大多数园林植物处于休眠或半休眠状态，即使常绿树种生长也极为缓慢，此时应少浇或不浇水，以防烂根；春季园林植物大量抽枝展叶，需水量逐渐增大；夏季是园林植物需水高峰期，都应根据降水情况及时灌、排水。在生长过程中，许多园林植物都有一个对水分需求特别敏感的时期，即需水临界期，此时如果缺水将严重影响植物枝梢生长和花的发育，以后即使供给更多的水分也难以补偿。需水临界期因气候及植物种类不同而不同，一般来说，呼吸、蒸腾作用最旺盛时期以及观果类果实迅速生长期都要求有充足的水分。由于相对干旱会促使植物枝条停止伸长生长，使营养物质向花芽转移，因而在栽培上常采用减水、断水等措施来促进花芽分化。如梅花、碧桃、榆叶梅、紫荆等花园木，在营养生长期即将结束时适当浇水，少浇或停浇几次水，能提早和促进花芽的形成和发育，从而达到开花繁茂的观赏效果。

3. 园林植物栽植年限

刚刚栽植的园林植物，根系损伤大，吸收功能减弱，根系在短期内难与土壤密切接触，常需要多次反复灌水才可能成活。如果是常绿树种，有时还需对枝叶喷雾。待栽植一定年限后进入正常生长阶段，地上部分与地下部分建立了新的平衡，需水的迫切性会逐渐下降，此时不必经常灌水。

4. 园林植物观赏特性

因受水源、灌溉设施、人力、财力等因素限制，实际园林植物管理中常难以对所有植物进行同等灌溉，而要根据园林植物的观赏特性来确定灌溉的侧重点。一般需水的优先对象是观花植物、草坪、珍贵树种、孤植树、古树、大树等观赏价值高的树木以及新栽植物。

5. 环境条件

生长在不同气候、地形、土壤等条件下的园林植物，其需水状况也有较大差异。在气温高、日照强、空气干燥、风大的地区，叶面蒸腾和植株间蒸发均会加强，园林植物的需水量就大，反之则小。另外，土壤的质地、结构与灌水也密切相关。如沙土，保水性较差，应"小水勤浇"；较黏重土壤保水力强，灌溉次数和灌水量均应适当减少。栽植在铺装地面或游人践踏严重区域的植物，应给予经常性的地上喷雾，以补充土壤水分的不足。

6. 管理技术措施

管理技术措施对园林植物的需水情况有较大影响。一般来说，经过合理的深翻、中耕，并经常施用有机肥料的土壤，其结构性能好，蓄水保墒能力强，土壤水分的有效性高，能及时满足园林植物对水分的需求，因而灌水量较小。

栽培养护工作过程中，灌水应与其他技术措施密切结合，以便于在相互影响下更好地发挥每个措施的积极作用，如灌溉与施肥、除草、培土、覆盖等管理措施相结合，既可保墒，减少土壤水分的消耗，满足植物水分的需求，还可减少灌水次数。

三、园林植物的灌水

1. 灌溉水的水源类型

灌溉水质量的好坏直接影响园林植物的生长，雨水、河水、湖水、自来水、井水及泉水等都可作为灌溉水源。这些水中的可溶性物质、悬浮物质以及水温等各有不同，对园林植物生长的影响也不同。如雨水中含有较多的二氧化碳、氨和硝酸，自来水中含有氯，这些物质不利于植物生长；而井水和泉水的温度较低，直接灌溉会伤害植物根系，最好在蓄水池中经短期增温充气后利用。总之，园林植物灌溉用水不能含有过多的对植物生长有害的有机、无机盐类和有毒元素及其化合物，水温要与气温或地温接近。

2. 灌水的时期

园林植物除定植时要浇大量的定根水外，其灌水时期大体分为休眠期灌水和生长期灌水两种。具体灌水时间由一年中各个物候期植物对水分的要求、气候特点和土壤水分的变化规律等决定。

（1）生长期灌水

园林植物的生长期灌水可分为花前灌水、花后灌水和花芽分化期灌水三个时期。

1）花前灌水。花前灌水可在萌芽后结合花前追肥进行，具体时间因地、因植物种类而异。

2）花后灌水。多数园林植物在花谢后半个月左右进入新的迅速生长期，此时如果水分不足，新梢生长将会受到抑制，一些观果类植物此时如果缺水则易引起大量落果，影响以后的观赏效果。夏季是植物的生长旺盛期，此期形成大量的干物质，应根据土壤状况及时灌水。

3)花芽分化期灌水。园林植物一般是在新梢生长缓慢或停止生长时开始花芽分化，此时也是果实的迅速生长期，都需要较多的水分和养分。若水分供应不足，则会影响果实生长和花芽分化。因此，在新梢停止生长前要及时而适量地灌水，可促进春梢生长而抑制秋梢生长，也有利于花芽分化和果实发育。

（2）休眠期灌水

在冬春严寒干旱、降水量比较少的地区，休眠期灌水非常必要。秋末或冬初的灌水一般称为灌"封冻水"，这次灌水是非常必要的，因为冬季水结冻、放出潜热有利于提高植物的越冬能力和防止早春干旱。对于一些引种或越冬困难的植物以及幼年树木等，灌封冻水更为必要。早春灌水，不但有利于新梢和叶片的生长，还有利于开花与坐果，同时还可促使园林植物健壮生长，是花繁果茂的关键。

（3）灌水时间的注意事项

在夏季高温时期，灌水最佳时间是在早晚，这样可以避免水温与土温及气温的温差过大，减少对植物根系的刺激，有利于植物根系的生长。冬季则相反，灌水最好于中午前后进行，这样可使水温与地温温差减小，减少对根系的刺激，也有利于地温的恢复。

3. 灌水量

灌水量受植物种类、品种、土质、气候条件、植株大小、生长状况等因素的影响。一般而言，耐干旱的植物洒水量少些，如松柏类；喜湿润的植物洒水量要多些，如水杉、山茶、水松等；含盐量较多的盐碱地，每次洒水量不宜过多，灌水浸润土壤深度不能与地下水位相接，以防返碱和返盐；保水保肥力差的土壤也不宜大水灌溉，以免造成营养物质流失，使土壤逐渐贫瘠。

在有条件灌溉时，切忌表土打湿而底土仍然干燥，如土壤条件允许，应灌饱灌足。如已成年大乔木，应灌水令其渗透到80~100 cm深处。洒水量一般以达到土壤最大持水量的60%~80%为适宜标准。园林植物的灌水量的确定可以借鉴目前果园灌水量的计算方法，根据土壤的持水量、灌溉前的土壤湿度、土壤容重、要求土壤浸湿的深度，计算出一定面积的灌水量，即

灌水量＝灌溉面积 × 要求土壤浸湿深度 × 土壤容重 ×（田间持水量 – 灌溉前土壤湿度）

灌溉前的土壤湿度，每次灌水前均需测定田间持水量、土壤容重、土壤浸湿深度等项，可数年测定一次。为了更符合灌水时的实际情况，用此公式计算出的灌水量，可根据具体的植物种类、生长周期、物候期以及日照、温度、干旱持续的长短等因素进行或增或减的调整。

4. 灌水方法和灌水顺序

正确的灌水方法可有利于使水分分布均匀，节约用水，减少土壤冲刷，保持土壤的良好结构，并充分发挥灌水效果。随着科学技术的发展，灌水方法不断改进，正朝着机械化、自动化方向发展，灌水效率和灌水效果均大幅度提高。

四、园林植物的排水

园林植物的排水是防涝的主要措施。其目的是减少土壤中多余的水分以增加土壤中空气的含量,促进土壤空气与大气的交流,提高土壤温度,激发好气性微生物的活动,加快有机物质的分解,改善植物的营养状况,使土壤的理化性状得到改善。

排水不良的土壤经常发生水分过多而缺乏空气,迫使植物根系进行无氧呼吸并积累乙醇造成蛋白质凝固,引起根系生长衰弱以致死亡;土壤通气不良会造成嫌气微生物活动促使反硝化作用发生,从而降低土壤肥力;而有些土壤,如黏土中,在大量施用硫酸铵等化肥或未腐熟的有机肥后,若遇土壤排水不良,这些肥料将进行无氧分解,从而产生大量的一氧化碳、甲烷、硫化氢等还原性物质,严重影响植物地下部分与地上部分的生长发育。因此排水与灌水同等重要,特别是对耐水力差的园林植物更应及时排水。

1. 需要排水的情况

在园林植物遇到下列情况之一时,需要进行排水。

(1)园林植物生长在低洼地区,当降雨强度大时汇集大量地表径流而又不能及时渗透,形成季节性涝湿地。

(2)土壤结构不良,渗水性差,特别是有坚实不透水层的土壤,水分下渗困难,形成过高的假地下水位。

(3)园林绿地临近江河湖海,地下水位高或雨季易遭淹没,形成周期性的土壤过湿。

(4)平原或山地城市,在洪水季节有可能因排水不畅,形成大量积水。

(5)在一些盐碱地区,土壤下层含盐量很高,不及时排水洗盐,盐分会随水位的上升而到达表层,造成土壤次生盐渍化,很不利于植物生长。

2. 排水方法

园林植物的排水是一项专业性基础工程,在园林规划和土建施工时应统筹安排,建好畅通的排水系统。园林植物的排水常见有以下几种。

(1)明沟排水

在园林规划及土建施工时就应统筹安排,明沟排水是在园林绿地的地面纵横开挖浅沟,使绿地内外联通,以便及时排除积水。这是园林绿地常用的排水方法,关键在于做好全园排水系统。操作要点是先开挖主排水沟、支排水沟、小排水沟等,在绿地内组成一个完整的排水系统,然后在地势最低处设置总排水沟。这种排水系统的布局多与道路走向一致,各级排水沟的走向最好相互垂直,但在两沟相交处最好成锐角(45°~60°)相交,以利于排水流畅,防止相交处沟道阻塞。

此排水方法适用于大雨后抢排积水，地势高低不平不易出现地表径流的绿地排水视水情而定，沟底坡度一般以 0.2%~0.5% 为宜。

（2）暗沟排水

暗沟排水是在地下埋设管道形成地下排水系统，将低洼处的积水引出，使地下水降到园林植物所要求的深度。暗沟排水系统与明沟排水系统基本相同，也有干管、支管和排水管之别。暗沟排水的管道多由塑料管、混凝土管或瓦管做成。建设时，各级管道需按水力学要求的指标组合施工，以确保水流畅通，防止淤塞。

此排水方法的优点是不占地面，节约用地，并可保持地势整齐、便利交通，但造价较高，一般配合明沟排水应用。

（3）滤水层排水

滤水层排水实际就是一种地下排水方法，一般用于栽植在低洼积水地以及透水性极差的土地上的植物，或是针对一些极不耐水的植物在栽植之初就采取的排水措施。其做法是在植物生长的土壤下层填埋一定深度的煤渣、碎石等透水材料，形成滤水层，并在周围设置排水孔，遇积水就能及时排除。这种排水方法只能小范围使用，起到局部排水的作用。如屋顶花园、广场或庭院中的种植地或种植箱，以及地下商场、地下停车场等的地上部分的绿化排水等，都可采用这种排水方法。

（4）地面排水

地面排水又称地表径流排水，就是将栽植地面整成一定的坡度（一般在 0.1%~0.3%，不要留下坑洼死角），保证多余的雨水能从绿地顺畅地通过道路、广场等地面集中到排水沟排走，从而避免绿地内植物遭受水淹。这种排水方法既节省费用又不留痕迹，是目前园林绿地使用最广泛、最经济的一种排水方法。不过这种排水方法需要在场地建设之初经过设计者精心设计安排，才能达到预期效果。

第三节　园林植物的养分管理

一、施肥的意义和作用

养分是园林植物生长的物质基础，养分管理是通过合理施肥来改善与调节园林植物营养状况的管理工作。

园林植物多为生长期和寿命较长的乔灌木，生长发育需要大量养分。而且园林植物多年长期生长在同一个地方，根系所达范围内的土壤中所含的营养元素（如氮、磷、钾以及一些微量元素）是有限的，吸收时间长了，土壤的养分就会减少，不能满足植株继续生长的需要。尤其是植株根系会选择性吸收一些营养元素，更会造成土壤中这类营养元素的缺乏。此外，城市园林绿地中的土壤常经过严重的践踏，土壤密实度大、密封度高，水气矛盾增加，会大大降低土壤养分的有效构成。同时由于园林植物的枯枝落叶常被清理掉，导致营养物质循环的中断，易造成养分的贫乏。如果植株生长所需营养不能及时得到补充，势必造成营养不良，轻则影响植株正常生长发育，出现黄叶、焦叶、生长缓慢、枯枝等现象，严重时甚至衰弱死亡。因此。要想确保园林植物长期健康生长，只有通过合理施肥，增强植物的抗逆性，延缓衰老，才能达到枝繁叶茂的最佳观赏效果。这种人工补充养分或提高土壤肥力，以满足园林植物正常生活需要的措施，称为"施肥"。通过施肥，不但可以供给园林植物生长所必需的养分，还可以改良土壤理化性质，特别是施用有机肥料，可以提高土壤温度，改善土壤结构，使土壤疏松并提高透水、通气和保水能力，有利于植物的根系生长；同时还为土壤微生物的繁殖与活动创造有利条件，进而促进肥料分解，有利于植物生长。

二、园林植物的营养诊断

园林植物的营养诊断是指导施肥的理论基础，是将植物矿物质营养原理运用到施肥管理中的一个关键环节。根据营养诊断结果进行施肥，是园林植物科学化养护管理的一个重要标志，它能使园林植物施肥管理达到合理化、指标化和规范化。

1.造成园林植物营养贫乏症的原因

引起园林植物营养贫乏症的具体原因很多，主要包括以下几点。

（1）土壤营养元素缺乏

这是引起营养贫乏症的主要原因。但某种营养元素缺乏到什么程度会发生营养贫乏症是一个复杂的问题，因为不同植物种类，即使同种的不同品种、不同生长期或不同气候条件都会有不同表现，所以不能一概而论。理论上说，每种植物都有对某种营养元素要求的最低限位。

（2）土壤酸碱度不合适

土壤 pH 值影响营养元素的溶解度，即有效性。有些元素在酸性条件下易溶解，有效性高，如铁、硼、锌、铜等，其有效性随 pH 值降低而迅速增加；另一些元素则相反，当土壤 pH 值升高至偏碱性时，其有效性增加，如钼等。

（3）营养成分的平衡

植物体内的各营养元素含量保持相对的平衡是保持植物体内正常代谢的基本要求，否则会导致代谢紊乱，出现生理障碍。一种营养元素如果过量存在常会抑制植物对另一种营养元素的吸收与利用。这种现象在营养元素间是普遍存在的，当其作用比较强烈时，就会导致植物营养贫乏症的发生。生产中较常见的有磷—锌、磷—铁、钾—

镁、氮—钾、氮—硼、铁—锰等。因此在施肥时需要注意肥料间的选择搭配，避免某种元素过多而影响其他元素的吸收与利用。

（4）土壤理化性质不良

如果园林植物因土壤坚实、底层有隔水层，地下水位太高或盆栽容器太小等限制根系的生长，会引发甚至加剧园林植物营养贫乏症的发生。

（5）其他因素

其他能引起营养贫乏症的因素有低温、水分、光照等。低温一方面可减缓土壤养分的转化，另一方面可削弱植物根系对养分的吸收能力，所以低温容易导致营养缺乏症的发生。雨量多少对营养缺乏症的发生也有明显的影响，主要表现为土壤过旱或过湿而影响营养元素的释放、流失及固定等，如干旱促发缺硼、钾及磷症，多雨容易促发缺镁症等。光照也影响营养元素吸收，光照不足对营养元素吸收的影响以磷最严重，因而在多雨少光照而寒冷的大气条件下，植物最易缺磷。

2. 园林植物营养诊断的方法

园林植物营养诊断的方法包括土壤分析、叶样分析、形态诊断等。其中，形态诊断是行之有效且常用的方法，它是根据园林植物在生长发育过程中缺少某种元素时，其形态上表现出的特定的症状来判断该植物所缺元素的种类和程度，此法简单易行、快速，在生产实践中很有实用价值。

（1）形态诊断法

植物缺乏某种元素，在形态上会表现某一症状，根据不同的症状可以诊断植物缺少哪一种元素。工作人员采用该方法要有丰富的经验积累，才能准确判断。该诊断法的缺点是滞后性，即只有植物表现出症状才能判断，不能提前发现。

（2）综合诊断法

植物的生长发育状况一方面取决于某一养分的含量，另一方面与该养分与其他养分之间的平衡程度有关。综合诊断法是按植物产量或生长量的高低分为高产组和低产组，分析各组叶片所含营养物质的种类和数量，计算出各组内养分浓度的比值，然后用高产组所有参数中与低产组有显著差别的参数作为诊断指标，再用与被测植物叶片中养分浓度的比值与标准指标的偏差值评价养分的供求状况。

该方法可对多种元素同时进行诊断，而且从养分平衡的角度进行诊断，符合植物营养的实际。该方法诊断比较准确，但不足之处是需要专业人员的分析、统计和计算，应用受到限制。

三、园林植物合理施肥的原则

1. 根据园林植物在不同物候期内需肥的特性

一年内园林植物要历经不同的物候期，如根系活动、萌芽、抽梢、长叶、休眠等。

在不同物候期园林植物的生长重心是不同的，相应的所需营养元素也不同，园林植物体内营养物质的分配，也是以当时的生长重心为重心的。因此在每个物候期即将来临之前，及时施入当时生长所需要的营养元素，才能使植物正常生长发育。

在一年的生长周期内，早春和秋末是根系的生长旺盛期，需要吸收一定数量的磷，根系才能发达，伸入深层土壤。随着植物生长旺盛期的到来，需肥量逐渐增加，生长旺盛期以前或以后需肥量相对较少，在休眠期甚至不需要施肥。在抽梢展叶的营养生长阶段，对氮元素的需求量大。开花期与结果期，需要吸收大量的磷、钾肥及其他微量元素，植物开花才能鲜艳夺目，果实充分发育。总的来说，根据园林植物物候期差异，具体施肥有萌芽肥、抽梢肥、花前肥、壮花稳果肥以及花后肥等。

就园林植物的生命周期而言，一般幼年期，尤其是幼年的针叶类树种生长需要大量的氮肥，到成年阶段对氮元素的需要量减少；对处于开花、结果高峰期的园林植物，要多施些磷钾肥；对古树、大树等树龄较长的要供给更多的微量元素，以增强其对不良环境因素的抵抗力。园林植物的根系往往先于地上部分开始活动，早春土壤温度较低时，在地上部分萌发之前，根系就已进入生长期，因此早春施肥应在根系开始生长之前进行，才能满足此时的营养物质分配，使根系向纵深方向生长。故冬季施有机肥，对根系来年的生长极为有利；而早春施速效性肥料时，不应过早施用，以免养分在根系吸收利用之前流失。

2. 园林植物种类不同，需肥期各异

园林绿地中栽植的植物种类很多，各种植物对营养元素的种类要求和施用时期各不相同，而观赏特性和园林用途也影响其施肥种类、施肥时间等。一般而言，观叶、赏形类园林植物需要较多的氮肥，而观花、观果类对磷、钾肥的需求量较大。如孤赏树、行道树、庭荫树等高大乔木类，为了使其春季抽梢发叶迅速，增大体量，常在冬季落叶后至春季萌芽前施用农家肥、饼肥、堆肥等有机肥料，使其充分熟化分解成宜吸收利用的状态，供春季生长时利用，这对属于前期生长型的树木，如白皮松、黑松、银杏等特别重要。休眠期施基肥，对柳树、国槐、刺槐、悬铃木等全期生长型的树木的春季抽枝展叶也有重要作用。

对于早春开花的乔灌木，如玉兰、碧桃、紫荆、榆叶梅、连翘等，休眠期施肥对开花也具有重要作用。这类植物开花后及时施入以氮为主的肥料可有利于其枝叶形成，为来年开花结果打下基础。在其枝叶生长缓慢的花芽形成期，则施入以磷为主的肥料。总之，以观花为主的园林植物在花前和花后应施肥，以达到最佳的观赏效果。

对于在一年中可多次抽梢、多次开花的园林植物，如珍珠梅、月季等，每次开花后应及时补充营养，才能使其不断抽枝和开花，避免因营养消耗太大而早衰。这类植物一年内应多次施肥，花后施入以氮为主的肥料，既能促生新梢，又能促花芽形成和开花。若只施氮肥，容易导致枝叶徒长而梢顶不易开花的情况出现。

3. 根据园林植物吸收养分与外界环境的相互关系

园林植物吸收养分不仅取决于其生物学特性，还受外界环境条件如光、热、气、水、土壤溶液浓度等的影响。

在光照充足、温度适宜、光合作用强时，植物根系吸肥量就多；如果光合作用减弱，由叶输导到根系的合成物质减少了，则植物从土壤中吸收营养元素的速度也会变慢。同样当土壤通气不良或温度不适宜时，就会影响根系的吸收功能，也会发生类似上述的营养缺乏现象。土壤水分含量与肥效的发挥有着密切的关系。土壤干旱时施肥，由于不能及时稀释导致营养浓度过高，植物不能吸收利用反遭毒害，所以此时施肥有害无利。在有积水或多雨时施肥，肥分易淋失，会降低肥料利用率。因此，施肥时期应根据当地土壤水分变化规律、降水情况或结合灌水进行合理安排。

另外，园林植物对肥料的吸收利用还受土壤酸碱反应的影响。当土壤呈酸性反应时，有利于阴离子的吸收（如硝态氮）；当呈碱性反应时，则有利于阳离子的吸收（如铵态氮）。除了对营养吸收有直接影响外，土壤的酸碱反应还能影响某些物质的溶解度。如在酸性条件下，能提高磷酸钙和磷酸镁的溶解度；而在碱性条件下，则降低铁、硼和铝等化合物的溶解度，从而间接地影响植物对这些营养物质的吸收。

4. 根据肥料的性质施肥

施用肥料的性质不同，施肥的时期也有所不同。一些容易淋失和挥发的速效性肥或施用后易被土壤固定的肥料，如碳酸氢铵、过磷酸钙等，为了获得最佳施肥效果，适宜在植物需肥期稍前施用；而一些迟效性肥料如堆肥、厩肥、圈肥、饼肥等有机肥料，因需腐烂分解、矿质化后才能被吸收利用，故应提前施用。

同一肥料因施用时期不同会有不同的效果。如氮肥或以含氮为主的肥料，由于能促进细胞分裂和延长，促进枝叶生长，并有利于叶绿素的形成，故应在春季植物展叶、抽梢、扩大冠幅之际大量施入；秋季为了使园林植物能按时结束生长，应及早停施氮肥，增施磷钾肥，有利于新生枝条的老化，准备安全越冬。再如磷钾肥，由于有利于园林植物的根系和花果的生长，故在早春根系开始活动至春夏之交，园林植物由营养生长转向生殖生长阶段应多施入，以保证园林植物根系、花果的正常生长和增加开花量，提高观赏效果。同时磷钾肥还能增强枝干的坚实度，提高植物抗寒、抗病的能力，因此在园林植物生长后期（主要是秋季）应多施以提高园林植物的越冬能力。

四、园林植物的施肥时期

在园林植物的生产与管理中，施肥一般可分基肥和追肥。施用的要点是基肥施用的时期要早，而追肥施用得要巧。

1. 基肥

基肥是在较长时期内供给园林植物养分的基本肥料，主要是一些迟效性肥料，如堆肥、厩肥、圈肥、鱼肥、沤肥以及农作物的秸秆、树枝、落叶等，使其逐渐分解，提供大量元素和微量元素供植物在较长时间内吸收利用。

园林植物早春萌芽、开花和生长，主要是消耗体内储存的养分。如果植物体内储存的养分丰富，可提高开花质量和坐果率，也有利于枝繁叶茂、增强观赏效果。园林植物落叶前是积累有机养分的重要时期，这时根系吸收强度虽小，但是持续时间较长，地上部制造的有机养分主要用于储藏。为了提高园林植物的营养水平，我国北方一些地区，多在秋分前后施入基肥，但时间宜早不宜晚，尤其是对观花、观果及从南方引种的植物更应早施，如施得过迟，会使植物生长停止时间推迟，降低植物的抗寒能力。

秋施基肥正值根系秋季生长高峰期，由施肥造成的伤根容易愈合并可发出新根。如果结合施基肥能再施入部分速效性化肥，就可以增加植物体内养分积累，为来年生长和发芽打好物质基础。秋施基肥，由于有机质有充分的时间腐烂分解，可提高矿质化程度，来年春天可及时供给植物吸收和利用。另外增施有机肥还可提高土壤孔隙度，使土壤疏松，有利于土壤积雪保墒，防止冬春土壤干旱，并可提高地温，减少根际冻害的发生。

春施基肥，因有机物没有充分的时间腐烂分解，肥效发挥较慢，在早春不能及时供给植物根系吸收，而到生长后期肥效才发挥作用，往往会造成新梢二次生长，对植物生长发育不利。特别是不利于某些观花、观果类植物的花芽分化及果实发育。因此，若非特殊情况（如由于劳动力不足秋季来不及施），最好在秋季施用有机肥。

2. 追肥

追肥又叫补肥，根据植物各生长期的需肥特点及时追肥，以调解植物生长和发育的矛盾。在生产上，追肥的施用时期常分为前期追肥和后期追肥。前期追肥又分为花前追肥、花后追肥和花芽分化期追肥。具体追肥时期与地区、植物种类、品种等因素有关，并要根据各物候期特点进行追肥。对观花、观果植物而言，花后追肥与花芽分化期追肥比较重要，而对于牡丹、珍珠梅等开花较晚的花木，这两次肥可合为一次。由于花前追肥和后期追肥常与基肥施用时期相隔较近，条件不允许时也可以不施，但对于花期较晚的花木类如牡丹等开花前必须保证追肥一次。

五、肥料的用量

园林植物施肥量包括肥料中各种营养元素的比例和施肥次数等数量指标。

1. 影响施肥量的因素

园林植物的施肥量受多种因素影响，如植物种类、树种习性、树体大小、植物年龄、土壤肥力、肥料种类、施肥时间与方法以及各个物候期需肥情况等，因此难以制定统一的施肥量标准。

在生产与管理过程中，施肥量过多或不足对园林植物生长发育均有不良影响。据报道，植物吸肥量在一定范围内随施肥量的增加而增加，超过一定范围，随着施肥量的增加而吸收量下降。施肥过多植物不能吸收，既造成肥料的浪费，又可能使植物遭受肥害；而施肥量不足则达不到施肥的目的。因此，园林植物的施肥量既要满足植物需求，又要以经济用肥为原则。以下情况可以作为确定施肥量的参考。

（1）不同的植物种类施肥量不同。不同的园林植物对养分的需求量是不一样的，如梧桐、梅花、桃、牡丹等植物喜肥沃土壤，需肥量比较大；而沙棘、刺槐、悬铃木、火棘、臭椿、荆条等则耐瘠薄的土壤，需肥量相对较少。开花、结果多的应较开花结果少的多施肥，长势衰弱的应较生长势过旺或徒长的多施肥。不同的植物种类施用的肥料种类也不同，如以生产果实或油料为主的应增施磷钾肥。一些喜酸性的花木，如杜鹃、山茶、栀子花、八仙花（绣球花）等，应施用酸性肥料，而不能施用石灰、草木灰等碱性肥料。

（2）根据对叶片的营养分析确定施肥量。植物的叶片所含的营养元素量可反映植物体的营养状况，所以近20年来，广泛应用叶片营养分析法来确定园林植物的施肥量。用此法不仅能查出肉眼见得到的缺素症状，还能分析出多种营养元素的不足或过剩，以及能分辨两种不同元素引起的相似症状，而且能在病症出现前及早测知。

另外，在施肥前还可以通过土壤分析来确定施肥量，此法更为科学和可靠。但此法易受设备、仪器等条件的限制，以及由于植物种类、生长期不同等因素影响，所以比较适合用于大面积栽培的植物种类比较集中的生产与管理。

2. 施肥量的计算

关于施肥量的标准有许多不同的观点。在我国一些地方，有以园林树木每厘米胸径 0.5kg 的标准作为计算施肥量依据的。但就同一种园林植物而言，化学肥料、追肥、根外施肥的施肥浓度一般较有机肥料、基肥和土壤施肥要低些，要求也更严格。一般情况下，化学肥料的施用浓度一般不宜超过 3%，而叶面施肥多为 0.1%~0.3%，一些微量元素的施肥浓度应更低。

随着电子技术的发展，对施肥量的计算也越来越科学与精确。目前园林植物施肥量的计算方法常参考果树生产与管理上所用的计算方法。通过下面的公式能精确地计算施肥量，但前提是先要测定出园林植物各器官每年从土壤中吸收各营养元素的肥量，减去土壤中能供给的量，同时还要考虑肥料的损失。

施肥量 =（园林植物吸收肥料元素量 - 土壤供给量）/ 肥料利用率

此计算方法需要利用计算机和电子仪器等先测出一系列精确数据，然后计算施肥量，由于设备条件的限制和在生产管理中的实用性与方便性等，目前在我国的园林植物管理中还没有得到广泛应用。

六、施肥的方法

根据施肥部位的不同，园林植物的施肥方法主要有土壤施肥和根外施肥两大类。

1. 土壤施肥

土壤施肥就是将肥料直接施入土壤中，然后通过植物根系进行吸收的施肥，它是园林植物主要的施肥方法。

土壤施肥深度由根系分布层的深浅而定，根系分布的深浅又因植物种类而异。施肥时将肥料施在吸收根集中分布区附近，才能被根系吸收利用，充分发挥肥效，并引导根系向外扩展。从理论上来讲，在正常情况下，园林植物的根系多数集中分布在地下 10~60 cm 深范围内，根系的水平分布范围多数与植物的冠幅大小相一致，即主要分布在冠幅外围边缘垂直投影的圆周内，故可在冠幅外围与地面的水平投影处附近挖掘施肥沟或施肥坑。由于许多园林树木常常经过造型修剪，其冠幅大大缩小，导致难以确定施肥范围。在这种情况下，有专家建议，可以将离地面 30 cm 高处的树干直径值扩大 10 倍，以此数据为半径、树干为圆心，在地面画出的圆周边即为吸收根的分布区，该圆周附近处即为施肥范围。

一般比较高大的园林树木类土壤施肥深度应在 20~50cm，草本和小灌木类相应要浅一些。事实上，影响施肥深度的因素有很多，如植物种类、树龄、水分状况、土壤和肥料种类等。一般来说，随着树龄的增加，施肥时要逐年加深，并扩大施肥范围，以满足树木根系不断扩大的需要。一些移动性较强的肥料种类（如氮素）由于在土壤中移动性较强，可适当浅施，随灌溉或雨水渗入深层；而移动困难的磷、钾等元素，应深施在吸收根集中分布层内，直接供根系吸收利用，减少土壤的吸附，充分发挥肥效。

目前生产上常见的土壤施肥方法有全面施肥、沟状施肥和穴状施肥等，爆破施肥法也有少量应用。

（1）全面施肥

全面施肥分洒施与水施两种。洒施是将肥料均匀地洒在园林植物生长的地面，然后翻入土中。其优点是方法简单、操作方便、肥效均匀，但不足之处是施肥深度较浅，养分流失严重，用肥量大，并易诱导根系上浮而降低根系抗性。此法若与其他施肥方法交替使用则可取长补短，充分发挥肥料的功效。

水施是将肥料随洒水时施入，施入前，一般需要以根基部为圆心，内外 30~50cm 处做围堰，以免肥水四处流溢。该法供肥及时，肥效分布均匀，既不伤根系又保护耕作层土壤结构，肥料利用率高，节省劳力，是一种很有效的施肥方法。

（2）沟状施肥

沟状施肥包括环状沟施、放射状沟施和条状沟施，其中环状沟施方法应用较为普遍。环状沟施是指在园林植物冠幅外围稍远处挖环状沟施肥，一般施肥沟宽30~40cm，深30~60cm。该法具有操作简便、肥料与植物的吸收根接近便于吸收、节约用肥等优点，但缺点是受肥面积小，易伤水平根，多适用于园林中的孤植树。放射状沟施就是从植物主干周围向周边挖一些放射状沟施肥，该法较环状沟施伤根要少，但施肥部位常受限制。条状沟施是在植株行间或株间开沟施肥，多适用于苗圃施肥或呈行列式栽植的园林植物。

（3）穴状施肥

穴状施肥与沟状施肥方法类似，若将沟状施肥中的施肥沟变为施肥穴或坑就成了穴状施肥。栽植植物时栽植坑内施入基肥，实际上就是穴状施肥。目前穴状施肥已可机械化操作：把配制好的肥料装入特制容器内，依靠空气压缩机通过钢钻直接将肥料送入土壤中，供植物根系吸收利用。该方法快速省工，对地面破坏小，特别适合有铺装的园林植物的施肥。

（4）爆破施肥

爆破施肥就是利用爆破时产生的冲击力将肥料冲散在爆破产生的土壤缝隙中，扩大根系与肥料的接触面积。这种施肥法适用于土层比较坚硬的土壤，优点是施肥的同时还可以疏松土壤。目前在果树的栽培中偶有使用，但在城市园林绿化中应用须谨慎，事前须经公安机关批准，且在离建筑物近、有店铺及人流较多的公共场所不应使用。

2. 根外施肥

目前生产上常用的根外施肥方法有叶面施肥和枝干施肥两种。

（1）叶面施肥

叶面施肥是指将按一定浓度配制好的肥料溶液，用喷雾机械直接喷雾到植物的叶面上，通过叶面气孔和角质层的吸收，再转移运输到植物的各个器官。叶面施肥具有简单易行、用肥量小、吸收见效快，可满足植物急需等优点，避免了营养元素在土壤中的化学或生物固定。该施肥方式在生产上应用较为广泛，如在早春植物根系恢复吸收功能前，在缺水季节或不使用土壤施肥的地方，均可采用此法。同时，该方法也特别适用于微量元素的施肥以及对树体高大、根系吸收能力衰竭的古树、大树的施肥；对于解决园林植物的单一营养元素的缺素症，也是一种行之有效的方法。但是需要注意的是，叶面施肥并不能完全代替土壤施肥，二者结合使用效果会更好。

叶面施肥的效果受多种因素的影响，如叶龄、叶面结构、肥料性质、气温、湿度、风速等。一般来说，幼叶较老叶吸收速度快，效率高，叶背较叶面气孔多，有利于渗透和吸收，因此，应对叶片进行正反两面喷雾，以促进肥料的吸收。肥料种类不同，被叶片吸收的速度也有差异。据报道，硝态氮、氮化镁喷后15s进入叶内，而硫酸镁需30 s，氯化镁需15 min，氯化钾需30min，硝酸钾需1 h，铵态氮需2 h才进入叶内。另外，喷施时的天气状况也影响吸收效果。试验表明，叶面施肥最适温度为

18℃~25℃，因而夏季喷施时间最好在 10：00 以前和 16：00 以后，以免气温高，溶液很快浓缩，影响喷肥效果或导致肥害。此外，在湿度大而无风或微风时喷施效果好，可避免肥液快速蒸发降低肥效或导致肥害。

在实际的生产与管理中，喷施叶面肥的喷液量以叶湿而不滴为宜。叶面施肥液适宜肥料含量为 1%~5%，并尽量喷复合肥，可省时、省工。另外，叶面施肥常与病虫害的防治结合进行，此时配制的药物浓度和肥料浓度比例至关重要。在没有足够把握的情况下，溶液浓度应宁淡勿浓。为保险起见，在大面积喷施前需要做小型试验，确定不引起药害或肥害再大面积喷施。

（2）枝干施肥

枝干施肥就是通过植物枝、茎的韧皮部来吸收肥料营养，它吸肥的机理和效果与叶面施肥基本相似。枝干施肥有枝下涂抹、枝干注射等方法。

涂抹法就是先将植物枝干刻伤，然后在刻伤处加上含有营养元素的团体药棉，供枝干慢慢吸收。

注射法是将肥料溶解在水中制成营养液，然后用专门的注射器注入枝干。目前已有专用的枝干注射器，但应用较多的是输液方式。此法的好处是避免将肥料施入土壤中的一系列反应的影响和固定、流失，受环境的影响较小，节省肥料，在植物体急需补充某种元素时用本法效果较好。注射法目前主要用于衰老的古树、大树、珍稀树种、树桩盆景以及大树移栽时的营养供给。

另外，美国生产的一种可埋入枝干的长效固体肥料，通过树液湿润药物来缓慢地释放有效成分，供植物吸收利用，有效期可保持 3~5 年，主要用于行道树的缺锌、缺铁、缺锰等营养缺素症的治疗。

第四节　园林植物的其他养护管理

园林植物能否生长良好，并尽快发挥其最佳的观赏效果或生态效益，不仅取决于工作人员是否做好土、水、肥管理，而且取决于能否根据自然环境和人为因素的影响，进行相应的其他养护管理，为不同年龄阶段和不同环境下的园林植物创造适宜的生长环境，使植物体长期维持较好的生长势。因此，为了让园林植物生长良好，充分展现其观赏特性，应根据其生长地的气候条件，做好各种自然灾害的防治工作，对受损植物进行必要的保护和修补，使之能够长久地保持花繁、叶茂、形美。同时管理过程中应制定养护管理的技术标准和操作规范，使养护管理做到科学化、规范化。

一、冻害

冻害主要指植物因受低温的伤害而使细胞和组织受伤，甚至死亡的现象。

1. 植物冻害发生的原因

影响植物冻害发生的原因很复杂。从植物本身来说，植物种类、株龄、生长势，当年枝条的长度及休眠与否都与该植物是否受冻有密切关系；从外界环境条件来说，气候、地形、水体、土壤、栽培管理等也可能与植物是否受冻有关。因此当植物发生冻害时，应从多方面分析，找出主要原因，提出有针对性的解决办法。

（1）抗冻性与植物种类的关系

不同的植物种类甚至不同的品种，其抗冻能力不一样。如樟子松比柏松抗冻，油松比马尾松抗冻；同是秋后的秋子梨比白梨和沙梨抗冻。又如原产长江流域的梅品种就比广东的黄梅抗寒。

（2）抗冻性与组织器官的关系

同一植物的不同器官，同一枝条的不同组织，对低温的忍耐能力不同。如新梢、根茎、花芽等抗寒能力较弱，叶芽形成层耐寒力强，而髓部抗寒力最弱。抗寒力弱的器官和组织，对低温特别敏感，因此这些组织和器官是防寒管理的重点。

（3）抗冻性与枝条成熟度的关系

枝条的成熟度越高，其抗冻能力越强。枝条充分成熟的标志主要是：木质化的程度高，含水量减少，细胞液浓度增加，积累淀粉多。在降温来临之前，如果还不能停止生长且未能进行抗寒锻炼的植株，容易遭受冻害。为此，在秋季管理时要注意适当控肥控水，让植物及时结束生长，促进枝条成熟，增强植株抗冻能力。

（4）抗冻性与枝条休眠的关系

冻害的发生与植物的休眠和抗寒锻炼有关，一般处在休眠状态的植株抗寒力强，植株休眠愈深，抗寒力愈强。植物体的抗寒能力是在秋天和初冬期间逐渐获得的，这个过程称为"抗寒锻炼"，一般植物要通过抗寒锻炼才能获得抗冻能力。到了春季，抗冻能力又逐渐趋于丧失，这一丧失过程称为"锻炼解除"。

植物春季解除休眠的早晚与冻害发生有密切关系。解除休眠早的，受早春低温威胁较大；休眠解除较晚的，可以避开早春低温的威胁。因此，冻害的发生往往不在绝对温度最低的休眠期，而常在秋末或春初时发生。因此，园林植物的越冬能力不仅表现在对低温的抵抗能力，还表现在休眠期和解除休眠期后，对综合环境条件的适应能力上。

（5）冻害与低温来临时状况的关系

当低温来得早又突然，而植物体本身未经抗寒锻炼，管理者也没有采取防寒措施时，就很容易发生冻害。每日极端最低温度越低，植物受冻害的程度就越高；低温持续的时间越长，植物受害越大；降温速度越快，植物受害就越重。此外，植物受低温影响后，如果温度急剧回升，则比缓慢回升受害严重。

（6）引起冻害发生的其他因素

除以上因素外，地势、坡向，植物离水源的远近，栽培管理水平都会影响植物是否受冻或受冻害的程度。

2. 园林植物冻害的表现

园林植物在遭受冻害后，不同的组织和器官往往有不同的表现，这是生产管理中判断植物是否受冻害以及受冻害轻重的重要依据。

（1）花芽

花芽是植物体上抗寒力较弱的器官，花芽冻害多发生在春季回暖时期，腋花芽较顶花芽的抗寒力强。花芽受冻后，内部变褐色，初期从表面上只看到芽鳞松散，不易鉴别，到后期则芽不萌发，干缩枯死。

（2）枝条

枝条的冻害与其成熟度有关。成熟的枝条，在休眠期后形成层最抗寒，皮层次之，而木质部、髓部最不抗寒。受冻时，髓部、木质部先后变色，严重受冻时韧皮部才受伤，如果形成层受冻变色则枝条就失去了恢复能力，但在生长期则以形成层抗寒力最差。

幼树在秋季因雨水过多徒长，停止生长较晚，枝条生长不充实，易加重冻害。特别是成熟不良的先端对严寒敏感，常首先发生冻害，轻者髓部变色，较重时枝条脱水干缩，严重时枝条可能冻死。

多年生枝条发生冻害，常表现为树皮局部冻伤，受冻部分最初稍变色下陷，不易发现，如果用刀挑开，可发现皮部已变褐；以后逐渐干枯死亡，皮部裂开和脱落。但是如果形成层未受冻，则可逐渐恢复。

（3）枝杈和基角

枝杈或主枝基角部分进入休眠较晚，位置比较隐蔽，输导组织发育不好，通过抗寒锻炼较迟，因此遇到低温或昼夜温差变化较大时，易引起冻害。树杈冻害有多种表现：有的受冻后皮层变褐色，而后干枝凹陷；有的树皮呈块状冻坏；有的顺主干垂直冻裂形成劈枝。主枝与树干的基角越小枝杈基角冻害就越严重。这些表现随冻害的程度和树种、品种而有所不同。

（4）主干

主干受冻后有的形成纵裂，一般称为"冻裂"现象，树皮成块状脱离木质部。一般生长过旺的幼树主干易受冻害，这些伤口极易发生腐烂病。

形成冻裂的主要原因是由于气温突然急剧下降到零下，树皮迅速冷却收缩，致使主干组织内外张力不均，导致自外向内开裂或树皮脱离木质部。树干"冻裂"常发生在夜间，随着气温的变暖，冻裂处又可逐渐愈合。

（5）根茎和根系

在一年中根茎停止生长最迟，进入休眠期最晚，而解除休眠和开始活动又较早，因此在温度骤然下降的情况下，根茎未能很好地通过抗寒锻炼，同时近地表处温度变化又剧烈，因而容易引起根茎的冻害。根茎受冻后，树皮先变色，以后干枯，可发生在局部，也可能成环状，根茎冻害对植株危害很大，严重时会导致整株死亡。

根系无休眠期，因此根系较其地上部分耐寒力差。但根系在越冬时活动力会明显减弱，故其耐寒力较生长期略强一些。根系受冻后表现为变褐，皮部易与木质部分离。一般粗根比细根耐寒力强，近地面的粗根由于地温低，较下层根系易受冻；新栽的植株或幼龄植株因根系细小而分布又浅，易受凉害，而大树则抗寒力相当强。

3. 园林植物冻害的防治

我国气候类型比较复杂，园林植物种类繁多，分布范围广，而且常有寒流侵袭，因此，经常会发生冻害。冻害对园林植物威胁很大，轻者冻死部分枝干，严重时会将整棵大树冻死。植物局部受冻以后，常常引起溃疡性寄生菌寄生带来的病害，使生长势大大衰弱，从而造成这类病害和冻害的恶性循环。有些植物虽然抗寒力较强，但花期容易受冻害，影响观赏效果。因此，预防冻害对园林植物正常功能的发挥及通过引种丰富园林植物的种类具有重要的意义。为了做好园林植物冻害的预防工作，在园林的生产与管理中需要注意以下几个方面。

（1）在园林绿地植物配置时，应该因地制宜，多用乡土植物

在园林绿地建设中，因地制宜地种植抗寒力强的乡土植物，在小气候条件比较好的地方种植边缘树种，这样可以大大减少越冬防寒的工作量，同时注意栽植防护林和设置风障，改善小气候条件，预防和减轻冻害。

（2）加强栽培管理，提高抗寒性

加强栽培管理（尤其重视后期管理）有助于植物体内营养物质的储备，提高抗寒能力。在生产管理过程中，春季应加强肥水供应，合理应用排灌和施肥技术，促进新梢生长和叶片增大，提高光合效能，增加植物体内营养物质的积累，保证植株健壮；管理后期要及时控制灌水和排涝，适量施用磷钾肥，勤锄深耕，促使枝条及早结束生长，有利于组织生长，延长营养物质的积累时间，从而能更好地进行抗寒锻炼。

此外，管理过程中结合一些其他管理措施也可以提高植株的抗寒能力。如夏季适期摘心，促进枝条及早成熟；冬季修剪，减少冬季蒸发面积；人工落叶等。同时，在整个生长期必须加强对病虫害的防治，减少病虫害的发生，保证植株健壮也是提高植株抗寒能力的重要措施。

（3）加强植物体保护，减少冻害

对植物体保护的方法很多，一般的植物种类可用浇"封冻水"防寒。为了保护容易受凉的种类，可采用一些其他防寒措施，如全株培土、根茎培土（高 30~50 cm）、

箍树、枝干涂白、主干包草、搭风障、北面培月牙形土埂等；对一些低矮的植物，还可以用搭棚、盖草帘等方法防寒。以上的防治措施应在冬季低温来临之前完成，以免低温突袭造成冻害。在特别寒冷干旱地区，也可以在植物的周围堆雪以保持温度恒定，避免寒潮引起大幅降温而使植株受冻，早春也可起到增湿保墒作用。

（4）加强受冻植株的养护管理，促其尽快恢复生长势

植物受冻后根系的吸收、输导，叶的蒸腾、光合作用以及梢株的生长等均遭到破坏，因此受冻后植物的护理对其后期的恢复极为重要。为此，植物受冻后应尽快采取措施，恢复其输导系统，治愈伤口，缓和缺水现象，促进休眠芽萌发和叶片迅速增大。受冻后再恢复生长的植物常表现出生长不良，因此首先要对这部分植株加强管理，保证前期的水肥供应，亦可以早期追肥和根外追肥，补给养分。

受冻植株要适当晚剪和轻剪，让其有充足的时间恢复。对明显受冻枯死部分要及时剪除，以利于伤口愈合；对于受冻不明显的部位不要急于修剪，待春天发芽后再做决定。受冻造成的伤口要及时治疗，应喷白或涂白预防日灼，并做好防治病虫害和保叶工作。对根茎受冻的植株要及时嫁接或根接，以免植株死亡。树皮受冻后成块脱离木质部的要用钉子钉住或进行嫁接补救。

以上措施只是植物受冻后的一些补救措施，并不能从根本上解决园林植物受冻问题。最根本的办法是加强引种驯化和育种工作，选育优良的抗寒园林植物种类。

二、霜害

1.霜冻的形成原因及危害特点

在生长季节里由于急剧降温，水汽凝结成霜使梢体幼嫩部分受冻，称为霜害。我国除台湾与海南岛的部分地区外，由于冬春季寒潮的侵袭，均会出现零度以下的低温。在早秋及晚春寒潮入侵时，常使气温急剧下降，形成霜害。一般纬度越高，无霜期越短；在同一纬度上，我国西部无霜期较东部短。另外小地形与无霜期有密切关系，一般坡地较洼地、南坡较北坡、靠近大水面的较无大水面的地区无霜期长，受霜冻威胁较轻。

在我国北方地区，晚霜较早霜具有更大的危害性。因为从萌芽至开花期，植物的抗寒能力越来越弱，甚至极短暂的零度以下温度也会给幼微组织带来致命的伤害。在这一时期，霜冻来得越快，则植物越容易受害，且受害越重。春季萌芽越早的植物，受霜冻的威胁也越大，如北方的杏树开花比较早，最易遭受霜害。

霜冻会严重影响园林植物的正常生长和观赏效果，轻则生长势减弱，重者会全株死亡。早春萌芽时受霜后，嫩芽和嫩枝会变褐色，鳞片松散而干枯在枝上。如花期受霜冻，由于雌蕊最不耐寒，轻者将雌蕊和花托冻死，但花朵能正常开放；重者会将雄蕊冻死，花瓣受冻变枯、脱落。幼果受霜冻，轻则幼胚变褐，果实仍保持绿色，以后逐渐脱落；重则全果变褐色，很快脱落。

2. 防霜措施

针对霜冻形成的原因和危害特点采取的防霜措施应着重考虑以下几个方面：增加或保持植物周围的热量，促使上下层空气对流，避免冷空气积聚，推迟植物的萌动期，以增强对霜冻的抵抗力等。

（1）推迟萌动期，避免霜害

利用药剂和激素或其他方法使园林植物推迟萌动（延长植株的休眠期），因为推迟萌动和延迟开花，可以躲避早春"田春寒"的霜冻。例如，乙烯利、青鲜素、萘乙酸钾盐水（250~500 mg/kg）在萌芽前后至开花前灌洒植株上，可以抑制萌动；在早春多次灌返浆水或多次喷水降低地温，如在萌芽前后至开花前灌水 2~3 次，一般可延迟开花 2~3 天；在管理上也可结合病虫害的防治用涂白减少植株对太阳热能的吸收，使温度升高较慢，此法可延迟发芽开花 2~3 天，能防止植株遭受早春的霜冻。

（2）改变小气候条件以防霜冻

在早春，园林植物萌芽、开花期间，根据气象台的霜冻预报及时采取防护措施，可以有效保护园林植物免受霜冻或减轻霜冻。

（3）根外追肥

为了提高园林植物抗霜冻的能力，也可以在早春植物萌动前后，用合适的肥料溶液喷洒枝干，进行根外追肥。因为根外追肥能提高细胞浓度，提高抗霜冻能力，效果很好。

（4）霜后的管理工作

在霜冻发生后，人们往往忽视植物受冻后的管理工作，这是不对的。因为霜后如果采取积极的管理措施，可以减轻危害，特别是对一些花灌木和果树类，如及时采取叶面喷肥以恢复树势等措施，可以减少因霜害造成的损失，夺回部分产量。

三、风害

在多风地区，园林植物常发生风害，出现偏冠和偏心现象。偏冠会给园林植物的整形修剪带来困难，影响其功能的发挥；偏心的植物易遭受冻害和日灼，影响其正常发育。我国北方冬春季节多大风天气，又干旱少雨，此时的大风易使植物损失过多的水分，造成枝条干梢或枯死，又称"抽梢"现象。春季的旱风，常将新梢嫩叶吹焦，花瓣吹落，缩短花期，不利于授粉受精。夏秋季我国东南沿海地区的园林植物又常遭受台风袭击，常使枝叶折损，大枝折断，甚至整株吹倒，尤其是阵发性大风，对高大植物的破坏性更大。

尽管由于诸多因素会导致园林植物风害的发生，但是通过适当的栽培与管理措施，风害也是可以预防和减轻的。

1. 栽培管理措施

在种植设计时要注意在风口、风道等易遭风害的地方选择抗风种类和品种，并适当密植，修剪时采用低干矮冠整形。此外，要根据当地特点，设置防护林，降低风速，减少风害损失。在生产管理过程中，应根据当地实际情况采取相应防风措施。如排除积水，改良栽植地的土壤质地，培育健壮苗木，采取大穴换土、适当深植等方法使根系往深处延伸。合理修剪控制树形，定植后及时设立支柱，对结果多的植株要及早吊枝或顶枝，对幼树和名贵树种设置风障等，可有效减少风害。

2. 加强对受害植株的维护管理

对于遭受过大风危害，折枝、伤害树冠或被刮倒的植物，要根据受害情况及时进行维护。对被刮倒的植物要及时顺势培土、扶正，修剪部分或大部分枝条，并立支杆，以防再次吹倒。对裂枝要顶起吊枝，捆紧基部创面，或涂激素药膏促其愈合。加强肥水管理，促进树势的恢复。对难以补救或没有补救价值的植株应淘汰掉，秋后或早春重新换植新植株。

四、雪害（冰挂）

积雪本身对园林植物一般无害，但常常会因为植物体上积雪过多而压裂或压断枝干。许多园林树木，如国槐、悬铃木、柳树、杨树等受到不同程度的伤害，造成重大经济损失。同时因融雪期气温不稳定，积雪时融时冻交替出现、冷却不均也易引起雪害。因此在多雪地区，应在大雪来临前对植物主枝设立支柱，枝叶过密的还应进行疏剪；在雪后应及时将被雪压倒的枝株或枝干扶正，震落积雪或采用其他有效措施防止雪害。

第五节　园林植物的保护和修补

园林植物的主干和骨干枝上，往往因病虫害、冻害、日灼及机械损伤等造成伤口，对这些伤口如不及时保护、治疗、修补，经过长期雨水侵蚀和病菌寄生，易造成内部腐烂形成空洞。有空洞的植株尤其是高大树木类，如果遇到大风或其他外力，则枝干非常容易折断。另外，园林植物还经常受到人为的有意无意的损坏，如种植土被长期践踏得很坚实，在枝干上刻字留念或拉枝、折枝等不文明现象，都会对园林植物的生长造成很大影响。因此，对园林植物的及时保护和修补是非常重要的养护措施。

一、枝干伤口的治疗

对园林植物枝干上的伤口应及时治疗，以免伤口扩大。如是因病、虫、冻害、日灼或修剪等造成的伤口，应首先用锋利的刀刮净、削平伤口四周，使皮层边缘呈弧形，然后用药剂消毒。对由修剪造成的伤口，应先将伤口削平然后涂以保护剂。选用的保护剂要求容易涂抹，黏着性好，受热不融化，不透雨水，不腐蚀植物体，同时又有防腐消毒的作用，如铅油等。大量应用时也可用黏土和鲜牛粪加少量的石硫合剂的混合物作为涂抹剂，如用含有 0.01%~0.1% 的植物生长调节剂 a- 萘乙酸涂剂，会更有利于伤口的愈合。

如果是由于大风使枝干断裂，应立即捆缚加固，然后消毒，涂保护剂。如有的地方用两个半弧圈做成铁箍加固断裂的枝干，为了避免损伤树皮，常用柔软物做垫，用螺栓连接，以便随着干径的增粗而放松；也有的用带螺纹的铁棒或螺栓旋入枝干，起到连接和夹紧的作用。对于由于雷击使枝干受伤的植株，应及时将烧伤部位锯除并涂保护剂。

二、补树洞

园林树木因各种原因造成的伤口长久不愈合，长期外露的木质部会逐渐腐烂，形成树洞，严重时会导致树木内部中空、树皮破裂，一般称为"破肚子"。由于树干的木质部及髓部腐烂，输导组织遭到破坏，因而影响水分和养分的正常运输及储存，严重削弱树势，导致枝干的坚固性和负载能力减弱，树体寿命缩短。为了防止树洞继续扩大和发展，要及时修补树洞。

1. 开放法

如果树洞不深或树洞过大都可以采用此法，如无填充的必要，可按伤口治疗方法处理。如果树洞能给人以奇特之感，可留下来做观赏物，此时可将洞内腐烂木质部彻底清除，刮去洞口边缘的死组织直至露出新的组织，用药剂消毒并涂防护剂，同时改变洞形，以利于排水，也可以在树洞最下端插入排水管，以后经常检查防水层和排水情况，防护剂每隔半年左右重涂一次。

2. 封闭法

树洞经处理消毒后，在洞口表面钉上板条，以油灰和麻刀灰封闭（油灰是用生石灰和熟桐油以 1∶0.35 调制的，也可以直接用安装玻璃用的油灰，俗称腻子），再涂以白灰乳胶、颜料粉面，以增加美观，还可以在上面压树皮状纹或钉上一层真树皮。

3. 填充法

填充法修补树洞，填充材料必须压实。为便于填充物与植物本质部连接，洞内可钉若干电镀铁钉，并在洞口内两侧挖一道深约 4 cm 的凹槽。填充物从底部开始，每 20~25 cm 为一层，用油毡隔开，每层表面都向外倾斜，以利于排水。填充物边缘不应超出木质部，以便形成层形成的愈伤组织覆盖其上。外层可用石灰、乳胶、颜色粉涂抹。为了增加美观和富有真实感，可在最外面钉一层真树皮。

现在也有用高分子化合材料环氧树脂、固化剂和无水乙醇等物质的聚合物与耐腐朽的木材（如侧柏木材）等填补树洞。

三、吊枝和顶枝

顶枝法在园林植物上应用较为普通，尤其是在古树的养护管理中应用最多，而吊枝法在果园中应用较多。大树或古树如倾斜不稳或大枝下垂时，需设立柱支撑，立柱可用金属、木桩、钢筋混凝土材料等做成。支柱的基础要做稳固，上端与树干连接处应有适当形状的托杆和托碗，并加软垫以免损害树皮。设立的支柱要考虑美观并与环境协调。如有的公园将立柱漆成绿色，并根据具体情况做成廊架式或篱架式，效果就很好。

四、涂白

园林植物枝干涂白，目的是防治病虫害、延迟萌芽，也可避免日灼危害。如在果树生产管理中，桃树枝干涂白后较对照花期能推迟 5 天，可有效避开早春的霜冻危害。因此，在早春容易发生霜冻的地区，可以利用此法延迟芽的萌动期，避免霜冻。又如紫薇比较容易发生病虫害，病虫害发生前，就应该涂白，可以有效防治病虫害的发生。再如杨柳树、国槐、合欢易遭蛀虫的树种涂白，可有效防治蛀干害虫。

涂白剂的常用的配方是：水 10 份，生石灰 3 份，石硫合剂原液 0.5 份，食盐 0.5 份，油脂（动植物油均可）少许。配制时先化开石灰，倒入油脂后充分搅拌，再加水拌成石灰乳，最后放入石硫合剂及盐水，为了延长涂白的有效期，可加黏着剂。

五、桥接与补根

植物在遭受病虫、冻伤、机械损伤后，皮层受到损伤，影响树液上下流通，会导致树势削弱。此时，可用几条长枝连接受损处，使上下连通，有利于恢复生长势。具体做法为：削掉坏死皮层，选枝干上皮层完好处，在枝干连接处（可视为砧木）切开和接穗宽度一致的上下接口，接穗稍长一点，也将上下两端削成同样斜面插入枝干皮层的上下接口中，固定后再涂保护剂，促进愈合。桥接方法多用于受损庭院大树及古树名木的修复与复壮的养护与管理。补根也是桥接的一种方式，就是将与老树同种的幼树栽植在老树附近，幼树成活后去头，将幼树的主干接在老树的枝干上，以幼树的根系为老树提供营养，达到老树复壮的目的。一些古树名木，在其根系大多功能减退、生长势减弱时可以用此法对其复壮。

总的来说，园林植物的保护应坚持"防重于治"的原则。平时做好各方面的预防工作，尽量防止各种灾害的发生，同时做好宣传教育工作，避免游客不文明现象的发生。对植物体上已经造成的伤口，应及早治愈，防止伤口扩大。

第五章　园林树木的养护管理

树木的养护管理是提高种植成活率和增强景观效果的重要手段。园林树木的养护管理，在城市绿化建设中占据极其重要的地位。人们常形容树木的种植施工与养护管理的关系是"三分种植，七分养护"，植物不像其他工程，它是有生命的活物，如果养护技术措施不到位，就达不到应有的园林景观效果，体现不出园林植物造景的观赏价值和生态效益等。另外就是管理，即园林树木的土、肥、水管理和日常的清洁打扫等。

为了更好地维护绿化景观效果，就要根据不同园林树木的生长需要和某些特定的要求，及时对树木采取养护与管理，以保证园林树木正常生长。园林植物越来越受到人们的重视，然而在实际工作中，经常会遇到树木在栽培养护方面的种种问题。本章就园林树木的养护与管理做简单论述。

第一节　灌溉与排水

一、园林树木的灌溉

水分是树木生存的必备因素，没有水就没有生命，所以，充分、合理、及时的灌溉，是保证树木新陈代谢正常进行和健壮生长的重要措施之一。水分过少或过多都会对树木造成伤害，所以应加强树木的水分管理工作。

1. 园林树木的灌溉时期

园林树木正确的灌溉时期应该在树木未受到缺水影响以前就开始，而不是等树木在形态上已显露出缺水症状（如叶片卷曲、果实皱缩）时才进行灌溉，否则树木的生长发育可能会招致不可弥补的损失。当然，树木外部形态也是判断树木是否需要灌水的重要依据，甚至在当前情况下它仍是许多绿地工作者直观确定是否急需灌水的常用方法。例如，可根据早晨树叶是上翘还是下垂，中午叶片是否萎蔫及其程度轻重，傍晚叶片萎缩后恢复的快慢程度等，确定露地树木是否需要灌溉。名贵树木或抗性比较差的树木，如紫红鸡爪槭（红枫）、红叶鸡爪槭（羽毛枫）、杜鹃等，略现萎蔫或叶尖焦干时就应立即灌水或对树冠喷水，否则就会产生旱害。有的虽遇干旱出现萎蔫，但较长时间内不灌溉也不至于死亡。用土壤含水量确定灌溉时期也是一种较可靠的方法。一般土壤含水量达到田间最大持水量的60%~80%时，土壤中的水分和空气最符合树木生长的需要，当土壤含水量低至50%时，就需要补充水分。

此外，用土壤水分张力计也可以简便、快速、准确地测出土壤水分状况，从而确定科学的灌水时间，或者通过测定细胞液浓度、叶片水势等生理指标作为灌水的依据。总而言之，树木的灌水应根据树木的生长对水分的要求、气候和土壤水分的变化等决定不同的需要灌溉的时期。大体上，可分为以下几个时期。

（1）休眠期灌水

休眠期的灌水主要在秋冬和早春进行。特别在中国东北、西北、华北等地，降水量较少，冬春严寒干旱，休眠期灌水十分必要。秋末冬初灌水，一般称为灌"冻水"或"封冻水"，不但能提高树木的越冬安全性，还能防止早春干旱，特别是越冬困难的树种以及幼年树木等，灌冻水尤为重要。早春灌水不但有利于新梢和叶片的生长，而且有利于开花与坐果，同时还可促进树木健壮生长，是花繁果茂的关键措施之一。

（2）生长期灌水

1）花前灌水。在北方一些地区容易出现早春干旱和风多雨少的现象，及时灌水，是促进树木萌芽、开花、新梢生长和提高坐果率的有效措施，同时还可防止春寒、晚霜的危害。盐碱地区早春灌水后进行中耕，还可以起到压碱的作用。花前水可在萌芽后结合花前追肥进行。花前灌水的具体时间，则因地、因树种而异。

2）花后灌水。多数树木在花谢后半个月左右是新梢速生期，如果水分不足会抑制新梢生长。树木此时如果缺少水分也易引起大量落果，尤其北方各地，春天多风，地面蒸发量大，适当灌水可保持土壤的适宜湿度，可促进新梢和叶片生长，扩大同化面积，增强光合作用，提高坐果率和增大果实，同时对后期的花芽分化有良好作用。没有灌水条件的地区，也应积极采取盖草、盖沙等保墒措施。

3）花芽分化期灌水。树木一般是在新梢生长缓慢或停止生长时开始花芽的形态分化，此时正是果实速生期，需要较多的水分和养分，如果水分不足会影响果实生长和花芽分化。因此，此次灌水对观花、观果树木非常重要。在新梢停止生长前及时而适量地灌水，可以促进春梢生长，抑制秋梢生长，有利于花芽分化及果实发育。

2. 灌水量

不同树种、不同品种、不同土质、不同气候、不同植株大小、不同生长发育时期，都会对灌水量有一定的影响，不同情况下的灌水量不同。但必须一次灌透灌足，切忌表土打湿而底土仍然干燥。一般已达花龄的乔木，大多应浇水令其渗透至土壤的

80~100cm 深处，适宜的灌水量一般为达到土壤最大持水量的 60%~80%。

根据不同土壤的持水量、灌水前的土壤湿度、土壤容重、要求土壤浸湿的深度，可确定灌水量，其计算公式为：

灌水量＝灌溉面积 × 土壤浸湿深度 × 土壤容重 ×（田间持水量-灌溉前土壤湿度）

灌溉前的土壤湿度，需要在每次灌水前确定，田间持水量、土壤容重、土壤浸湿深度等项，可数年测定一次。

在应用上述公式计算出灌水量后，还可根据树种、品种、不同生命周期、物候期、间作物以及日照、温度、风、干旱期持续的长短等因素，进行调控，酌情增减，以符合实际需要。如果安装张力机，不必计算灌水量，其灌水量和灌水时期均可由张力机读数确定。

3. 灌溉方法

灌水方法正确与否，不但关系到灌水效果好坏，而且还影响土壤的结构。正确的灌水方法，可使水分在土壤中均匀分布，充分发挥水效，节约用水量，降低灌水成本，减少土壤冲刷，保持土壤的良好结构。随着科学技术的发展，灌水方法也在不断改进，正朝着机械化、自动化方向发展，灌水效率和灌水效果均大幅度提高。根据供水方式的不同，园林树木的灌水方法分为以下三种。

（1）地上灌水。地上灌水包括人工浇灌、机械喷灌和移动式喷灌。人工浇水费工多、效率低，但在交通不便、水源较远、设施条件较差的情况下，还是很有必要的。人工浇水时，大多采用树盘灌水形式，灌溉时以树干为圆心，在树冠边缘投影处用土壤围成圆形树堰，水在树堰中缓慢渗入地下。人工浇灌属于局部灌溉，灌水前应疏松树堰内土壤，使水容易渗透，灌溉后耙松表土以减少水分蒸发。有大量树木需要灌溉时，要依次进行，不可遗漏。机械喷灌是固定或拆卸式的管道输送和喷灌系统，一般由水源、动力、水泵、输水管道及喷头等部分组成，是一种比较先进的灌水技术，目前已广泛用于园林苗圃、草坪以及其他重要的绿地系统。

机械喷灌的优点。灌溉水首先是以雾化状洒落在树体上，然后再通过树木枝叶逐渐下渗至地表，避免了对土壤的直接打击、冲刷，基本不产生深层渗漏和地表径流，既节约用水又减少了对土壤结构的破坏，可保持原有土壤的疏松状态。机械喷灌还能迅速提高树木周围的空气湿度，控制局部环境温度的急剧变化，为树木生长创造良好的条件。此外，机械喷灌对土地的平整度要求不高，可以节约劳力，提高工作效率。机械喷洒的缺点主要有以下几点：可能加重某些园林树木感染白粉病和其他真菌病害的程度，灌水的均匀性受风的影响很大，风力过大，还会增加水量损失；喷灌的设备价格和管理维护费用较高，使其应用范围受到一定限制。

移动式喷灌一般由城市洒水车改建而成，在汽车上安装贮水箱、水泵、水管及喷头组成一个完整的喷灌系统，灌溉的效果与机械喷灌相似。由于汽车喷灌具有移动灵活的优点，因而常用于城市街道行道树的灌水。

（2）地面灌水。地面灌水可分为漫灌与滴灌两种形式。前者是一种大面积的表面灌水方式，因用水极不经济也不科学，生产上已很少采用；后者是近年来发展起来的机械化、自动化的先进灌溉技术，它是将灌溉用水以水滴或细小水流形式，缓慢地施于植物根域的灌水方法。滴灌的效果与机械喷灌相似，但比机械喷灌更节约用水。不过滴灌对小气候的调节作用较差，而且耗管材多，对用水质量要求严格，否则管道和滴头容易堵塞。目前国内外已发展到自动化滴灌装置，其自动控制方法可分为时间控制法、电力抵抗法和土壤水分张力计自动控制法等，已广泛用于蔬菜、花卉的设施栽培生产中以及庭院观赏树木的养护中。滴灌系统的主要组成部分包括水泵、化肥罐、过滤器、输水管、灌水管和滴水管等。

（3）地下灌水。地下灌水是借助地下的管道系统，使灌溉水在土壤毛细管作用下，向周围扩散浸润植物根区土壤的灌溉方法。地下灌水具有蒸发量小、节省灌溉用水、不破坏土壤结构、地下管道系统在雨季还可用于排水等优点。

地下灌水分为沟灌与渗灌两种。沟灌是用高畦低沟方法，引水沿沟底流动来浸润周围土壤。灌溉沟有明沟与暗沟、土沟与石沟之分，石沟的沟壁设有小型渗漏孔。渗漏是采用地下管道系统的一种地下灌水方式，整个系统包括输水管道和渗水管道两大部分，通过输水管道将灌溉水输送至灌溉地的渗水管道，它做成暗渠和明渠均可，但应有一定比降。渗水管道的作用在于通过管道上的小孔，使灌水渗入土壤中，目前常用的有专门烧制的多孔瓦管、多孔水泥管、竹管以及波纹塑料管等，生产上应用较多的是多孔瓦管。

4. 灌溉注意事项

（1）要适时适量灌溉，要经常注意土壤水分的适宜状态，要灌饱灌透。如果该灌不灌，则会使树木处于干旱环境中，不利于吸收根的发育，也影响地上部分的生长，甚至造成旱害；如果小水浅灌，次数频繁，则易诱导根系向浅层发展，降低树木的抗旱性和抗风性。当然，也不能长时间超量灌溉，否则会造成根系的窒息。

（2）干旱时追肥应结合灌水。在土壤水分不足的情况下，追肥以后应立即灌溉，否则会加重旱情。

（3）生长后期适时停止灌水。除特殊情况外，9月中旬以后应停止灌水，以防树木徒长降低树木的抗寒性，但在干旱寒冷地区，冬灌有利于越冬。

（4）灌溉宜在早晨或傍晚进行。因为早晨或傍晚蒸发量较小，而且水温与地温差异不大，有利于根系的吸收。不要在气温最高的中午前后进行土壤灌溉，更不能用温度低的水源（如井水、自来水等）灌溉，否则树木地上部分蒸腾强烈，土壤温度降低，影响根系的吸收能力，导致树体水分代谢失常而受害。

（5）注意灌溉水质。如果水里含有有害盐类和有毒元素及其他化合物，应处理后再使用，否则会影响树木生长。

此外，用于喷灌、滴灌的水源，不应含有泥沙和藻类植物等，以免堵塞喷头或滴头。

二、园林树木的排水

1. 排水的必要性

排水是防涝保树的主要措施。土壤中的水分与空气是互为消长的。排水会减少土壤中多余的水分，增加土壤空气的含量，促进土壤空气与大气的交流，提高土壤温度，激发好气性微生物活动，加快有机质的分解，改善树木营养状况，使土壤的理化性状全面改善。一般需要进行排水的条件有以下几个：

（1）树木生长在低洼地，当降雨强度大时汇集大量地表径流，且不能及时渗透，形成季节性涝湿地。

（2）土壤结构不良，渗水性差，特别是有坚实不透水层的土壤，水分下渗困难，形成过高的假地下水位。

（3）园林绿地临近江河湖海，地下水位高或雨季易遭淹没，形成周期性的土壤过湿。

（4）平原或山地城市，在洪水季节有可能因排水不畅，形成大量积水。

（5）在一些盐碱地区，土壤下层含盐量高，不及时排水洗盐，盐分会随水位的上升而到达表层，造成土壤次生盐渍化，对树本生长很不利。

2. 排水方法

园林绿地的排水是一项专业性基础工程，在景观规划及土建施工时应统筹安排，建好畅通的排水系统。园林树木的排水方法通常有以下四种。

（1）明沟排水。明沟排水就是指在地面上挖掘明沟，排除径流的方法。它常由小排水沟、支排水沟以及主排水沟等组成一个完整的排水系统，在地势最低处设置总排水沟。这种排水系统的布局多与道路走向一致，各级排水沟的走向最好相互垂直，但在两沟相交处应成锐角相交，以利水流畅通，防止相交处沟道淤塞，且各级排水沟的纵向比降应大小有别。

（2）暗沟排水。暗沟排水是在地下埋设管道形成地下排水系统，将地下水降到要求的深度。暗沟排水系统与明沟排水系统基本相同，也有干管、支管和排水管之别。暗沟排水的管道多由塑料管、混凝土管或瓦管做成。建设时，各级管道需按水力学要求的指标组合施工，以确保水流畅通，防止淤塞。

（3）滤水层排水。滤水层排水实际就是一种地下排水方法，一般是在低洼积水地以及透水性极差的立地上栽种的树木，或对一些极不耐水湿的树种在栽植初采取的排水措施，即在树木生长的土壤下层填埋一定深度的煤渣、碎石等材料，形成滤水层，并在周围设置排水孔，遇积水就能及时排除。这种排水方法只能小范围使用，起到局部排水的作用。

（4）地面排水。地面排水是目前使用最广泛、最经济的一种排水方法。主要利用道路、广场等有一定自然坡度的地面和水的自然重力，把土壤中多余的水分集中到排水沟，从而避免绿地树木遭受水淹。这种方法虽经济可行，但需要排水设计者经过精心设计安排，才能达到预期效果。

第二节　施肥管理

施肥，即是通过人工补充养分以提高土壤肥力，满足植物生活需要的措施。园林树木生长地的土壤条件非常复杂，既有贫瘠的荒山荒地，又有盐碱地和人为干扰和翻动过的地段：不是土壤结构不良，就是缺肥缺水或是排水和通气不畅，所以科学施肥，改善土壤的理化性质，提高土壤肥力，增加树木的营养，是保证树木健康长寿的有力措施之一。

一、施肥的意义和特点

1.施肥的意义

树木定植后，在栽植地生长多年甚至上千年，主要靠根系从土壤中吸收水分和无机盐，以供正常生长需要。由于树根所能伸及范围内，土壤中所含的营养元素氮、磷、钾以及一些微量元素数量是有限的。吸收时间长了，土壤的养分就会不足，不能满足树木继续生长的需要。另外，园林树木一般生长在城市中，枯枝落叶不是被扫走，就是被烧毁，归还给土壤的数量很少；还有地面铺装及人踩车压，土壤十分紧实，地表营养不易下渗，根系难以利用；加之地下管线、建筑地基的构建，减少了土壤的有效容量，限制了根系的吸收面积。此外，随着绿化水平的提高，乔、灌、草多层次植物配置，更增加了养分的消耗和与树木的竞争。这些都说明了适时适量补充树木营养元素是十分重要的。总的来说，施肥的意义主要有下述三个方面。

（1）供给树木生长所必需的养分。

（2）改良土壤性质，特别是施用有机肥料，可以提高土壤温度，改变土壤结构，使土壤疏松并提高透水、通气和保水性能，有利于树木根系生长。

（3）为土壤微生物的繁殖与活动创造有利条件，进而促进肥料分解，改善土壤的化学反应，使土壤盐类成为可吸收状态，有利于树木生长。

2. 施肥的特点

根据园林树木生物学特性和栽培的要求与环境条件，其施肥的特点包括以下三个方面：

（1）园林树木是多年生植物，长期生长在同一地点，从施入肥料的种类来看，应以有机肥为主。同时适当施用化学和生物肥料。施肥方式以基肥为主，基肥与追肥兼施。

（2）园林树木种类繁多，习性各异，作用不一，防护、观赏或经济效用各不相同，因此，就反映在施肥种类、用量和方法等的差异上。在这方面各地经验颇多，需要科学的、系统的分析与总结。

（3）园林树木生长地的环境条件是很不一样的，既有高山、丘陵，又有水边、低湿地及建筑周围等，这样就增加了施肥的难度，所以应根据栽培环境的特点，采用不同的施肥方式和方法。同时，在园林绿地中对树木施肥时必须注意园容的美观，避免在白天施用奇臭的肥料，有碍游人的活动，应做到施肥后随即覆土。

施肥应当注意的是，必须与浇水密切配合，只有这样，肥效才能充分发挥，达到最佳效果。

二、施肥的原则

1. 根据树种合理施肥

树木的需肥与树种及其生长习性有关。例如泡桐、杨树、重阳木、香樟、桂花、茉莉、月季、茶花等树种生长迅速、生长量大，就比柏木、马尾松、油松、小叶黄杨等慢生耐瘠树种需肥量要大，因此应根据不同的树种调整施肥用量。

2. 根据生长发育阶段合理施肥

总体上讲，随着树木生长旺盛期的到来，需肥量逐渐增加，生长旺盛期以前或以后需肥量相对较少，在休眠期甚至就不需要施肥；在抽枝展叶的营养生长阶段，树木对氮素的需求量大，而生殖生长阶段则以磷、钾及其他微量元素为主。根据园林树木物候期差异，施肥方案上有萌芽肥、抽枝肥、花前肥、壮花稳果肥及花后肥等。如柑橘类几乎全年都能吸收氮素，但吸收高峰在温度较高的仲夏；磷素主要在枝梢和根系生长旺盛的高温季节吸收，冬季显著减少；钾的吸收主要在 5 月至次年 11 月份。而栗树从发芽即开始吸收氮素，在新梢停止生长后，果实肥大期吸收最多。就生命周期而言，一般处于幼年期的树种，尤其是幼年的针叶树生长需要大量化肥，到成年阶段对氮素的需要量减少。对古树、大树供给更多的微量元素，有助于增强其对不良环境因子的抵抗力。

3. 根据树木用途合理施肥

树木的观赏特性以及园林用途影响其施肥方案。一般说来，观叶、观形树种需要较多的氮肥，而观花、观果树种对磷、钾肥的需求量大。有调查表明，城市里的行道树大多缺少钾、镁、磷、硼、锰、硝态氮等元素，而钙、钠等元素又常过量。也有人认为，对行道树、庭荫树、绿篱树种施肥应以饼肥、化肥为主，郊区绿化树种可更多地施用粪尿和土杂肥。

4. 根据土壤条件合理施肥

土壤厚度、土壤水分与有机质含量、酸碱度高低、土壤结构等均对树木施肥有很大影响。例如，土壤水分含量和土壤酸碱度及肥效直接相关，土壤水分缺乏时施肥，可能因肥分浓度过高，树木不能吸收利用而遭毒害；积水或多雨时养分容易被淋洗流失，降低肥料利用率。另外，土壤酸碱度直接影响到营养元素的溶解度，这些都是施用肥料时需仔细考虑的问题。

5. 根据气候条件合理施肥

气温和降雨量是影响施肥的主要气候因子，如低温，一方面降低了土壤养分的转化速度，另一方面又削弱了树木对养分的吸收功能。试验表明，在各种元素中磷是受低温抑制最大的一种元素；干旱常导致发生缺硼、钾及磷；多雨则容易促发缺镁。

6. 根据营养诊断合理施肥

根据营养诊断结果进行施肥，能使树木的施肥达到合理化、指标化和规范化，完全做到树木缺什么就施什么，缺多少就施多少。目前在生产上广泛应用虽受到一定限制，但应大力提倡。

7. 根据养分性质合理施肥

养分性质不同，不但影响施肥的时期、方法、施肥量，还关系到土壤的理化性状。一些易流失挥发的速效性肥料，如碳酸氢铵、过磷酸钙等，宜在树木需肥期稍前施入；而迟效性的有机肥料，需腐烂分解后才能被树木吸收利用，故应提前施入。氮肥在土壤中移动性强，即使浅施也能渗透到根系分布层内供树木吸收利用。而磷、钾肥移动性差故需深施，尤其磷肥宜施在根系分布层内才有利于根系吸收。化肥类肥料的用量应本着宜淡不宜浓的原则，否则容易烧伤树木根系。事实上，任何一种肥料都不是十全十美的，因此实践中应将有机与无机、速效性与缓效性、酸性与碱性、大量元素与微量元素等结合施用，提倡复合配方施肥。

三、肥料的种类

1. 农家肥料

农家肥料指就地取材、就地使用的各种有机肥料。它由含有大量生物物质的动植物残体、排泄物和生物废物等积制而成，含有丰富的有机质和腐殖质及果树所需要的各种常量元素和微量元素，还含有激素、维生素和抗生素等，其特点是来源广、潜力大、养分完全、肥效期长而稳定，属迟效性肥料；农家肥施后能改良土壤，提高土壤肥力，是果园的主要用肥。其主要包括堆肥、沤肥、厩肥、沼气肥、绿肥、作物秸秆肥、泥肥和饼肥等。

（1）堆肥是利用作物秸秆、杂草、落叶及其他有机废物为主要原料，再配以一定量的粪尿、污水和少量泥土堆制，经好气微生物分解而成的一类有机肥料。堆制过程是微生物分解有机质的过程，因此必须创造适于微生物活动的条件。堆肥多在高温季节进行，肥堆要保持足够的水分，控制水分为湿重的 65%~75% 为宜。为利于微生物活动，也要注意肥堆的通气。腐熟后做基肥用。

（2）沤肥所用物料与堆肥基本相同，只是在淹水条件下，经微生物嫌气发酵而成的一类有机肥料。

（3）厩肥也叫圈肥，是利用家畜圈内的粪尿和所垫入的杂草、落叶、泥土草炭等物质，经过沤制而成的肥料。圈肥含有氮、磷、钾三要素，其中含钾量较高，可被果树直接吸收利用。

（4）沼气肥。沼气肥是在密封的沼气池中，有机物在嫌气条件下经微生物发酵制取沼气后的副产物，主要由沼气水肥和沼气渣肥两部分组成。

（5）作物秸秆肥是以麦秸、稻草、玉米秸、豆秸、油菜秸等直接还田的肥料。

（6）泥肥是以未经污染的河泥、塘泥、沟泥、港泥、湖泥等经嫌气微生物分解而成的肥料。

（7）饼肥是以各种含油分较多的种子经压榨去油后的残渣制成的肥料，如菜籽饼、棉籽饼、豆饼、花生饼和芝麻饼等。

（8）绿肥也是果园基肥来源之一，有较高的肥效，其利用方式主要有两种。

1）就地翻压。以绿肥植物蕾期至初花期刈割后，粉碎成料 10cm 左右，均匀撒于田面，晾晒半天，即可翻入土中。一般每亩翻压 1000~1500kg 为宜。有水浇条件的果园，翻后晒 1~2 天灌一次水，有利于绿肥腐熟；无水浇条件时，待雨季来临即可腐熟。

2）集中施入树下。即沿树冠外缘向外挖深 60cm、宽 60cm、长 150cm 的沟一条，割下绿肥，晾晒后，粉碎成 10cm 左右，每坑 50~70kg，将绿肥与土拌匀填入坑中，随填随踏实，施后灌足水。施肥后 20 天左右肥坑内即可开始出现新根。果园中常用的绿肥植物，主要有紫穗槐、毛君子、三叶草、草木樨、田菁、沙打旺、绿豆等。

（9）人畜粪尿是人畜粪便和尿的混合物，富含有机质和各种营养元素。其中人粪含氮量较高，畜粪都含有较多的氮、磷、钾。人粪尿中的氮素极易挥发损失，应注意收集贮存。最常用的积存方法是将泥土、垃圾、杂草等制成堆肥。堆制的比例，以能充分吸收粪尿汁液为原则，一般可以掺入粪尿量 3~4 倍的泥土或垃圾。在粪尿中加入 3%~5% 的过磷酸钙，可减少氮素的损失，并可提高磷素的可利用性。

（10）草木灰是作物秸秆和柴草等植物体燃烧后的残渣。有机物及氮素在燃烧过程中已全部烧掉，因此不含有机物和氮素，含有磷、钾、钙等元素。其中含的钾大部分是水溶性的，能被果树直接吸收利用。草木灰要干积，注意防湿防水，以免肥分流失。草木灰不宜与腐熟的厩肥、人粪尿或硫酸铁等酸性肥料混合施用（可以配合），除盐碱地外，一般土壤可以施用，可做基肥或追肥用。

2. 商品肥料

商品肥料是指按国家法规规定，受国家肥料部门管理，以商品形式出售的肥料，包括商品有机肥、腐殖酸类肥、微生物肥、有机复合肥、无机（矿质）肥和叶面肥等。

（1）商品有机肥料是以大量动植物残体、排泄物及其他生物废料为原料，加工制成的商品肥料。

（2）腐殖酸类肥料是以含有腐殖酸类物质的泥炭（草炭）、褐煤、风化煤等经过加工制成含有植物营养成分的肥料。

（3）微生物肥料是以特定微生物菌种培养生产的含活的微生物的制剂。根据微生物肥料对改善植物营养元素的不同，可分成五类：根瘤菌肥料、固氮菌肥料、磷细菌肥料、硅酸盐细菌肥料、复合微生物肥料。

（4）有机复合肥。经无害化处理后的畜禽粪便及其他生物废物加入适量的微量营养元素制成的肥料。

（5）无机（矿质）肥料。矿物经物理或化学工业方式制成，养分呈无机盐形式的肥料，包括矿物钾肥和硫酸钾、矿物磷肥（矿磷粉）、煅烧磷酸盐（钙镁磷肥、脱氟磷肥）、石灰、石膏、硫黄等。

（6）叶面肥料。喷施于植物叶片并能被其吸收利用的肥料，叶面肥料中不得含有化学合成的生长调节剂，包括含微量元素的叶面肥和含植物生长辅助物质的叶面肥料等。

（7）有机无机肥（半有机肥）。有机肥料与无机肥料通过机械混合或化学反应而成的肥料。

（8）掺合肥是在有机肥、微生物肥、无机（矿质）肥、腐殖酸肥中按一定比例掺入化肥（硝态氮肥除外），并通过机械混合而成的肥料。

3. 其他肥料

其他肥料指不含有毒物质的食品、纺织工业的有机副产品，以及骨粉、骨胶废渣、氨基酸残渣、家禽家畜加工废料、糖厂废料等有机物制成的，经农业部门登记允许使用的肥料。

4. 禁止使用的肥料

（1）未经无害化处理的城市垃圾或含有金属、橡胶和有害物质的垃圾。

（2）硝态氨肥和未腐熟的人粪尿。

（3）未获准登记的肥料产品。

四、肥料的用量

一般情况下，树木都应施用含有氮、磷、钾三要素的混合肥料。具体施用比例因不同树种、不同年龄时期、不同物候期的需要和土壤的营养状况而定。充分腐熟的厩肥含有多种营养元素，是树木尤其是幼树施肥的最好肥料之一，但是由于厩肥只适于开阔地生长的树木，施用量很大，也不太方便，因此应用并不广泛。化学肥料有效成分含量高，又便于配方，见效快，使用十分普遍，但是改良土壤结构的作用小。有很多化肥是单一性肥料，在需要集约经营的园林绿地环境中，最好能一次施足植物对营养多种要求的肥料，所以，按需要进行配方或选用符合要求的复合肥，才能起到很好的效果。

科学施肥应该是针对树体的营养状态，经济有效地供给植物所需要的营养元素，并且防止在土壤内和地下水内积累有害的残存物质。过量的施肥不仅造成经济上和物质上的浪费，还干扰其他营养元素的吸收和利用，而且还会恶化土壤条件，污染用水。由于施肥量的确定还受多种因素的影响，所以可根据以下几点确定其施肥量：

1. 根据不同的树种施肥

树种不同，对养分的要求不一样，如茉莉、梧桐、梅花、月季、桂花、牡丹等喜肥沃土壤；沙棘、刺槐、悬铃木、臭椿、山杏等则耐瘠薄的土壤；开花结果多的大树应较开花、结果少的小树多施肥，树势衰弱的树也应多施肥。不同的树种施用的肥料种类也不同，如果树和木本油料树种应增施磷肥；酸性花木，如杜鹃、山茶、栀子花、桂花等，应施酸性肥料，不能施石灰、草木灰等；幼龄针叶树不宜施用化肥。

肥料的用量不是越多越好，而是在生产技术措施配合下，有一定的用量范围。施肥量过多或不足，对树木生长发育均有不良影响。因此施肥量既要符合树木要求，又要经济实惠。

对于落叶树的施肥，一般按每厘米胸径 180~1400g 的化肥施用量，这一用量不会造成伤害，普遍使用的安全用量是每厘米胸径施 350~700g 完全肥料。胸径不大于 15cm 的树木施用量减半，有些对化肥敏感的树种也要减半，大树可按每厘米胸径施用 101846 的 N、P、K 混合肥 700~900g（10：8：6 表示肥料中有 10% 的 N，8% 的 P_2O_5 和 6% 的 K_2O）。对常绿树，特别是常绿针叶幼树最好不施化肥，因为化肥容易使其产生药害，所以过去对常绿树很少施用化肥，施有机肥比较安全。化肥应在松土或浇水时施用，以便与土壤充分混合，成年常绿针叶树施用化肥较安全。常绿阔叶树杜鹃花等酸性花木应避免施用碱性肥料，可施大量的有机肥，如堆肥、酸性泥炭藓和腐熟栎叶土等。

2. 根据不同的土壤而施肥

土壤的性质不同,所施用的肥料种类也不同。同样,土壤的性质不同,施用肥料的用量也不一样,施肥的用量应根据土壤肥沃程度及其植物对肥料的反应而定。如山地、盐碱地,瘠薄的沙地为了改良土壤,有机肥如绿肥、泥炭等施用量一般均较高。土壤肥沃、理化性质良好的土壤可以适当少施;理化性质差的土壤施肥必须与土壤改良相结合。土壤酸碱度、地形、地势、土壤温湿度、气候条件以及土壤管理制度等对施肥量都有影响,因此,确定施肥量应从多方面考虑。

3. 根据树木不同时期的要求而施肥

二年生苗在生长旺盛的后期,对氮肥需要量最大,同时对磷钾肥的需要量也大,而二年生的移植苗,是在生长前期需氮肥较多,约占当年总需要量的70%。如在树木需肥的营养分配中心的恰当时期施肥,施用量相应高些,效果最好。北京黄土岗花农在夏至后对梅花集中施肥1~2次,目的在于抓紧6月底关键时机,促进花芽的大量形成,借以达到来年春天繁花满枝的效果。在生长后期施氮肥必须加以控制,应在5~7月份施用,北京最迟不超过7月底,否则苗木入秋猛长,越冬时必将发生冻害。

4. 根据树木以往的施肥经验而施肥

园林绿地中好多工作者是根据多年施肥的经验而确定施肥量,即今年施肥量多了,下一年少施;第一次施肥量不够,第二次可以适当加多,也就是不断地试验摸索。同时根据施肥量观察植物生长发育的状况,因为在缺乏某种元素或某种元素过量的情况下,树木所呈现的各种症状是不同的,花农根据肉眼观察得到的植物症状,不断总结施肥的经验教训,最后摸索出一套施肥用量相对标准。这种凭经验施肥虽然比较古老,但是我国目前行之有效的确定施肥用量的方法。

5. 根据叶面分析法而施肥

如果对树木盲目施肥,就会造成其品质差、观赏效果不佳。所以现代的施肥应了解树木矿质营养的基本知识,对叶面进行分析,从而判断施肥的用量。

根据叶片所含的营养元素量可反映树体的营养状况,所以叶面分析法来确定树木的施肥量已被发达国家广泛应用。此法不仅能查出肉眼见得到的症状,还能分析出多种营养元素的不足或过剩,以及能分辨两种不同元素引起的相似症状,而且在病症出现前及早得知,所以可以根据叶片分析及时施入适宜的肥料种类和数量,以保证树木的正常生长和发育。对于大多数落叶和常绿果树来说,最有代表性和准确性的部分是叶片,但葡萄的叶柄是理想的部分。许多因素影响叶片内元素的浓度,如叶龄、枝条是否结果、叶片在植株上的位置(高度、外围或内膛、方位)、叶片的大小、采样的时间(一年内和一天内的时间)、砧木类型、灌溉水的分布、施肥、结果多少等。落叶果树叶子应从长势中等的延长新梢上采取,每一个新梢只采一张位于其中部的叶片,叶龄为2~5个月的完全展开的叶子。必须强调供分析用的样品,应该从一定类型的枝条上、一定部位采取叶龄近似的叶片，才能得到可靠的结果。叶片分析应与果园栽培技术结合起来进行判断，如果土壤排水不良，叶片分析的结果是缺氧，但并不是真正的缺氧，而是因排水不良造成的土壤内缺氧。同样，如果发生线虫病，树体的营养状况也不会好，因为其影响树体吸收养分的能力。叶面分析作为一种科学研究的方法，可以用来评价施肥试验的结果。叶片分析技术的发展，大大简化了施肥试验，但与土壤分析结合起来进行更为科学有效。

由于目前电子科学技术的发展，施肥量有其精确的计算公式，就是计算前先测定出树木各器官每年从土壤中吸收各营养元素量，减去土壤中能供给量，同时还要考虑肥料的损失。其公式如下：

施肥量＝（果树吸收肥料元素量－土壤供给量）/肥料利用率

这种计算法需利用普通计算机和电子仪器等，虽能很快测出精确数据，使施肥量的理论计算成为现实，但还不能广泛应用于园林绿地中。

五、施肥的时期

确定施肥的最佳时期，就应该了解植物在何时需要何种肥料，同时还应了解植物并不是在整个生长期内都从土壤中吸收养分，也不是土壤中有什么营养元素就吸收什么元素。植物从外界环境中吸收与利用营养元素的过程，实质上是一种选择吸收的过程，其主要决定植物本身的需要。因为每种植物在其生长发育过程中，对各种营养元素的需要，已经形成了一定的比例，因此，施肥的时间应掌握在树木最需肥的时候施入，以便使有限的肥料被树木充分吸收。具体施肥的时间应视树木生长的情况和季节而定。在生产上，一般分基肥和追肥，基肥施用要早、追肥要巧。

树木早春萌芽、开花和生长，主要是消耗树体贮存的养分。树体贮存的养分丰富，可提高开花质量和坐果率，有利于枝条健壮生长、叶茂花繁，增加观赏效果。树木落叶前是积累有机养分的时期，这时根系吸收强度虽小，但是时间较长，地上部制造的有机养分以贮藏为主。为了提高树体的营养水平，北方一些省份多在秋分前后施用基肥，但时间宜早不宜晚，尤其是对观花、观果及从南方引入的树种，更应早施，施得过迟，使树木生长不能及时停止，降低树木的越冬能力。

1. 基肥的施用时期

基肥是在较长时期内供给树木养分的基本肥料，所以宜施迟效性有机肥料，如腐殖酸类肥料，堆肥、厩肥、圈肥、鱼肥、沤肥以及腐烂的作物秸秆、树枝、落叶等，使其逐渐分解，供树木较长时间吸收利用大量元素和微量元素。基肥分秋施和春施。秋施基肥以秋分前后施入效果最好，其原因如下：基肥是较长时间内供给树木养分的基本肥料，应施迟效性的有机肥，迟效性肥料需要比较长的时间腐烂分解，秋季施入有机质腐烂分解的时间较充分,可提高矿质化程度,来春可及时供给树木萌芽、开花、枝叶和根系生长的需要。如能再结合施入部分速效性化肥,提高细胞液浓度,也可增强树木的越冬性。施有机肥可提高土壤孔陈度,使土壤疏松,有利于土壤积雪保墒和提高地温,防止冬春土壤干旱,并减少根际冻害。秋施基肥正值一些树木根系(秋季)生长的高峰,伤根容易愈合,并可发出新根,加之秋天树木根系吸收的时间较长,吸收的养分积累起来,为来年生长和发育打好物质基础。春施基肥,如果有机质没有充分分解,肥效发挥较慢,早春不能及时供给根系吸收,到生长后期肥效发挥作用,往往会造成新梢二次生长,对树木生长发育不利,特别是对某些观花、观果类树木的花芽分化及果实发育不利。

2. 追肥的施用时期

追肥又叫补肥。根据树木一年中各物候期需肥特点及时追肥,以调解树木生长和发育的矛盾。追肥的施用时期,在生产上分前期追肥和后期追肥。具体追肥时期则与地区、树种、品种及树龄等有关,要紧紧依据各物候期特点进行追肥。如果花后进行了追肥,花芽分化期追肥可以考虑不施,如果秋施基肥,后期追肥也可以考虑不施。追肥还取决于树木种类和用途,如果是观花树种,花后追肥可以不施,花芽分化期追肥必施,后期追肥可施可不施。对观果树木而言,花后追肥与花芽分化期追肥比较重要。对于牡丹等春季开花较晚的花木,这两次肥可合为一次。同时,花前追肥和后期追肥,有时与春施基肥和秋施基肥相隔较近,条件不允许时可以省去,但牡丹花必须保证施一次追肥。对于一般初栽 2~3 年内的花木、庭荫树、行道树及风景树等,每年在生长期进行 1~2 次追肥,实为必要,至于具体时期,则需视情况合理安排,灵活掌握。树木有缺肥症状时可随时进行追施。

六、施肥的方法

根据施肥部位的不同,园林树木施肥主要分为土壤施肥和根外施肥两大类。

1. 土壤施肥

(1)施肥的位置。土壤施肥就是将肥料直接施入土壤中,然后通过树木根系进行吸收,它是园林树木主要的施肥方法。施肥的位置应最有利于根系的吸收,因此受树木主要吸收根群分布的控制。一般情况下,吸收根水平分布的密集范围约在树冠垂直投影轮廓(滴水线)附近,大多数树木在其树冠投影中心约 1/3 半径范围内几乎没有什么吸收根。国外有一种凭经验估测多数树木根系水平分布范围的方法,即以根系伸展半径为地面以上 30cm 处直径的 12 倍为依据。根据树木根系的分布状况与吸收功能,施肥的水平位置一般应在树冠投影半径的 1/3 倍至滴水线附近。垂直深度应在密集根层以上 40~60cm,在土壤施肥时必须注意三个问题:一是不要靠近树干基部;二是不要太浅，避免简单的地面喷洒；三是不要太深，不超过 60cm。目前施肥中普遍存在的错误是把肥料直接施在树干周围，这样做不但没有好处，有时还会有害，特别是容易对幼树根茎造成烧伤。

（2）施肥的方法

1）环状沟施肥法。此法是幼树最常用的施肥方法，施肥沟的直径一般与树冠的冠径基本相等，沟宽多为 30~40cm，施后随即覆土，施肥前最好松土，每隔 4~5 年施肥一次。此法施肥既经济，操作又简单，但挖沟时易切断水平根，施肥面积较小。

2）放射沟施肥法。此法是顺水平根系生长的方向挖沟，沟宽视相邻两条水平根之间的距离而定，沟深以树木根系主要分布层为准。隔年或隔次更换施肥部位，以扩大施肥面积，促进根系吸收。

3）条状沟施肥法。在树木行间（每行或隔行）开沟，施入肥料，也可结合土壤深翻熟化分层进行。

4）穴状施肥法。在树冠投影外缘附近挖若干个直径为 30cm 的穴，其穴的多少与深度视树木的种类、大小而定，一般为数十个，深度 30~60cm，排成一环或交错排成 2~3 环，把肥料施入穴内，然后覆土。栽在草坪上的树木即多采用穴施法，先铲起草皮，将肥料施好后再将草皮还原铺上。此法肥效尚可，但施肥不均匀，也较费工。

5）打孔施肥法。打孔施肥法是由穴施衍变而来的一种方法，通常大树下面多为铺装地面或种植草坪、地被，不能开沟施肥时，可采用打洞的办法将肥料施入土壤中。可用孔径 5cm 的螺旋钻，深度视植物根系而定，一般为 30~60cm，切忌用冲击钻打洞，以免使土壤紧实影响通气性。从距树干 75~120cm 处开始，每隔 80cm 钻一个施肥洞，施肥洞点应分布到树冠外缘 2~3m 的范围内，如果地面狭窄，洞距可减少 50~60cm。填入洞穴的肥料最好用林业专用缓释肥料。其次可用优质有机肥为主的混合肥料，适当配入少量的速效化肥，不能用大量易溶性化肥集中填入洞中，否则会烧伤或烧死植物。在有草坪、地被条件下打洞施肥后，应随后加土封洞，再将草皮复原；在铺装地面施肥后，要将肥料和地表之间留 10cm 的空隙（原沙石层或灰浆层），用直径 2~15mm 的粗沙砾石填满，然后放好铺装砖（沥青路面用碎石填平即可）。

6）微孔释放袋施肥法。微孔释放袋施肥法是把一定量的 16：8：16 水溶性肥料，热封在双层聚乙烯塑料薄膜袋内施用，袋上有经过精密测定的一定量"针孔"，针孔的直径和数量决定释放养分的快慢。栽植树木时，将袋子放在吸收根群附近，当土壤中的水汽经微孔进入袋内，使肥料吸潮，以液体的形式从孔中溢出供树木根系吸收。这样释放肥料的速度缓慢，数量也相当小，但可以不断地向根系流入，不会像直接进行土壤施肥那样对根系造成伤害。对于沙性土施肥，此种方式可减少流失。微孔释放袋的活性受季节变化的影响，随着天气变冷，袋中的水汽也随之变小，最终停止营养释放。到春天气温升高，土壤解冻，袋内水汽压再次升高，促进肥料的释放，满足植物生长的需要。这样土壤水气压的变化定时触发肥料释放或停止，确保肥料供应的有效性。对于已定植的树木，也可用110~115g的微孔释放袋，埋在树冠滴水线以内约25cm深的土层中，根据树龄大小决定用多少。这种微孔释放装埋袋一次，约可满足8年的营养需要。

7）树木营养钉和超级营养棒法。现在国际上还推广一种称之为Jobe's树木营养钉的施肥方法。这种营养钉是将16：8：8配方的肥料，用一种专利树脂黏合剂结合在一起，用普通木工锤打入土壤，打入根区深约45cm的营养钉，溶解释放的氮和钾进入根系十分迅速，立即可被树木利用，用营养钉给大树施肥的速度比钻孔施肥快2.5倍左右。此外还有一种Ross超级营养棒，其肥料配方为16：10+9，并加入铁和锌。施肥时将这种营养棒压入树冠滴水线附近的土壤，即完成施肥工作。

8）液施。这是河南鄢陵花农给喜酸性土的花木传统施肥的方法，经北京林学院若干同志进行试验后，证明不仅可以用此法保证栀子花等喜酸性土的花木正常生长，不再黄化，还可将已失绿的病株转绿。具体配方：200~250kg水（以雨水为最好）；10~15kg粪（以猪粪最好）；5~6kg油粕饼（以芝麻饼最好）；2.5~3kg黑矾（$FeSO_4·7H_2O$以呈黑红色枣核状的最好）。将其用料均匀混合，放入缸中，放在日光下暴晒，不加搅拌，约经20天后，用料全部腐熟成黑色液体，即可取上面的清液浇灌喜酸性土的植物，如栀子花、山茶花、杜鹃花等。上面的清液用完后补充一定量的水，直至液体变淡后再重新配制。

2. 根外施肥

根外施肥在我国各地都已广泛使用，它是通过叶片、枝条和树干来吸收营养的方式。目前生产中常见的根外施肥方法有叶面施肥和枝干施肥。

（1）叶面施肥。是用机械的方法，将按一定浓度配制好的肥料溶液，直接喷雾到树木的叶面上，通过叶面气孔和角质层的吸收，转移运输到树体的各个器官。一般喷后15min~2h即可被树木叶片吸收利用。但吸收强度和速度则与叶龄、肥料成分、溶液浓度等有关。由于幼叶生理机能旺盛，气孔所占面积较老叶大，因此较老叶吸收快。叶背较叶面气孔多，且叶背表皮下具有较松散的海绵组织，细胞间隙大而多，有利于渗透和吸收，因此，一般幼叶较老叶，叶背较叶面吸收快，吸收率也高。所以在实际喷布时一定要将叶面、叶背均喷到、喷匀，使之有利于树木吸收。

叶面施肥具有简单易行、用肥量小、吸收见效快、可满足树木急需等优点，避免营养元素在土壤中的化学或生物固定。因此，在早春树木根系恢复吸收功能前，在缺水季节或缺水地区以及不便土壤施肥的地方，均可采用叶面施肥。该方法还特别适合微量元素的施用以及对树体高大、根系吸收能力衰竭的古树、大树的施肥。叶面施肥的效果与叶龄、叶面结构、肥料性质、气温、湿度、风速等密切相关。幼叶生理机能旺盛，气孔所占比重较大，比老叶吸收速度快、效率高；叶背较叶面气孔多，且表皮层下具有较疏松的海绵组织，细胞间隙大而多，利于渗透和吸收。因此，应对树叶正反两面进行喷雾。许多试验表明，叶面施肥最适温度为18℃~25℃，湿度大些效果好，因而夏季最好在上午10时以前和下午4点以后喷雾，以免气温高，溶液很快浓缩，影响喷肥效果或导致药害。

叶面施肥多做追肥施用，生产上常与病虫害的防治结合进行，因而药液浓度至关重要。在没有足够把握的情况下，应宁淡勿浓。喷布前需做小型试验，确定不会引起药害，方可大面积喷布。

（2）枝干施肥。就是通过树木枝、茎的韧皮部来吸收肥料营养，它吸肥的机理和效果与叶面施肥基本相似。枝干施肥又大致有枝干涂抹和枝干注射两种方法，前者是先将树木枝干刻伤，然后在刻伤处加上固体药棉；后者是用专门的仪器来注射枝干。目前国内已有专用的树干注射器。枝干施肥主要用于衰老古树、珍稀树种、树桩盆景以及观花树木和大树移栽时的营养供给。例如，有人分别用浓度2%的柠檬酸铁溶液注射和用浓度1%的硫酸亚铁加尿素药棉涂抹栀子花枝干，在短期内就扭转了栀子花的缺绿症。多个实验也证明，当树木营养不良时，尤其缺少微量元素时，在树干上打孔，注射相应的营养元素，具有相当好的效果。还有一种由美国发明的简单方法就是，将所需要的完全可溶性肥料装入可溶性膜做成的胶囊中，在树干上钻一个直径1cm，深5~7cm，稍微向下倾斜的孔，将其埋入树干，通过树液湿润药物缓慢地释放有效成分，有效期可保持3~5年，主要用于行道树的缺锌、缺铁、缺锰的营养缺素症。但如果在钻孔时消毒、堵塞不严，容易引起心腐和蛀干。

第三节 土壤管理

土壤是由一层层厚度各异的矿物质成分所组成的大自然主体。对于树木来说，土壤是它们生长的基地，是树木生命活动所需要水分和养分的供应库与贮藏库。所以，树木的整体生长状况和景观效果都直接受到土壤好坏的影响。由此可见，树木的土壤管理是园林绿地养护管理工作的重点之一，土壤的条件、土壤的改良及土壤污染的防治等都是必须关注的任务。

一、良好土壤的特性

一般而言，土壤大多需要经过适当调整和改造，才适合植物的生长，对于园林树木来说，不同树木对土壤的要求也是不同的，但总体来说，都是要求水分、气体、养分、温度相协调。因此，良好的土壤应具有以下几个特性：

1. 土壤养分均衡

良好的土壤养分状况应该是缓效养分和速效养分，大量、中量和微量养分比例适宜；树木根系生长的土层中养分储量丰富，有机质含量应在 1.5%~2%，肥效长，底土层也应有较高的养分含量。

2. 土体构造上下适宜

与其他土壤类型比较，园林树木生长的土壤大多经过人工改造，因而没有明显完好的垂直结构。有利于园林树木生长的土体构造应该是：在 1~1.5m 深度范围内，土体为上松下实结构，特别是在 40 ~ -60cm 处，树木大多数吸收根分布区内，土层要疏松，质地较轻；心土层较坚实，质地较重。这样，既有利于通气、透水、增温，又有利于保水保肥。

3. 理化性状良好

物理性质主要指土壤的固、液、气三相物质组成及其比例，它们是土壤通气性、保水性、热性状、养分含量高低等各种性质发生变化的物质基础。一般情况下，大多数园林树木要求土壤质地适中，耕性好，有较多的水稳性和临时性的团聚体，当 40%~57%、20%~40%、15%~37% 分别为固相物质、液相物质和气相物质适宜的三相比例，$1~1.3g/cm^3$ 为土壤容重时，有利于树木生长发育。

二、土壤条件

由于园林绿地的特殊性，所涉及的土壤条件及其范围、面积是很复杂的，既有各种自然土壤，又有人为干预过的各类型的土，偶尔还会遇到田园肥土，而面积有大有小。从用途、性质、通气和肥力特征以及干扰等情况来看，园林绿地的土壤受多种因素的影响，既受高密度人口和特殊的城市气候条件的干扰，又受地域性和植被及各种污染物的影响。其特点如下：土壤层次紊乱；土壤中外来侵入体多且分布较深；市政广场、管道等设施多；土壤物理性质差（特别是通气、透水不良）；土壤中缺少有机质：由于污水的影响，土壤 pH 值偏高等。如此复杂的土壤条件归纳为以下几个方面：

1. 平原肥土

其土壤经过人们几年、几十年的耕耘改造，土壤熟化、养分积累、土壤结构和理化性质都已被改良，最适合树木的生长，但实际上遇到的不多。

2. 荒山荒地

其土壤未很好地风化，孔原度低，肥力差，需要采用深翻熟化和施有机肥的措施。

3. 水边低湿地

土壤一般都很紧实，湿润黏重，通气不良，多带盐碱。在水边应该种植耐水湿的植物；低湿地可以通过填土和施有机肥或松土晒干等措施处理，还可以深挖成湖，或直接用作湿地景观。

4. 煤灰土或建筑垃圾

煤灰土是人们生活及活动残留的废物，如煤灰、树叶、菜叶、菜根和动物的骨头等，其对树木的生长有利无害。可以作为盐碱地客土栽植的隔离层。大量的生活垃圾可以掺入一定量的好土作为绿化用地。建筑垃圾是建筑后的残留物，通常有砖头、瓦砾、石块、木块、木屑、水泥、石灰等。少量的砖头、瓦砾、木块、木屑等存留可以增加土壤的孔隙度，对树木生长无害。而水泥和石灰及其灰渣则有害于树木的生长，必须清除。

5. 市政工程的场地

城市的市政工程是很多的，如市内的水系改造、人防工程、广场的修筑、道路的铺装等。土壤多经过人为的翻动或填挖而成，结果将未熟化的心土翻到表层，使土壤结构不良、透气不好、肥力降低。加之机械施工碾压土地，土壤紧实度增加。对于这种情况，应该深翻栽植地的土壤或扩大种植穴和施有机肥。同时还要注意老城区的影响，因为老城区大多经过多次翻修，造成老路面、旧地基与建筑垃圾及用材等的遗留，致使土壤侵入体多。老路面与旧地基的残存，会影响栽植其上树木的生长，使该地段透水和透气不良，同时还会阻碍树木根系往深处伸展。

6. 工矿污染地

在工矿区，生产、实验和人们生活排出的废水、废物、废气，造成土壤养分、土壤结构和理化性质的变化，对树木的生长极其不利，应将其排走或处理。可设置排污水的管道或经过污水处理厂处理。最重要的是要遵守国家规定："工厂排出的废水、废气、废物不回收，不准予开工。"

7. 建筑用地

建筑对树木的影响是多方面的，建筑用地因修建地基时用机械夯轧过，土壤很紧实，通气不良，树木在其上不能生长。因此，在建筑周围栽植树木前应进行深翻土壤或相应地扩大种植穴。在寒冷地区，建筑的南北面土壤解冻的时间不同，如哈尔滨的建筑北面比南面土壤解冻晚，所以，在该地区栽树时，建筑的南北面最好不同期施工，以节省劳力。

8. 人工地基

人工修造的代替天然地基的构筑物，如屋顶花园、地铁、地下停车场、地下贮水池等上面均为人工地基。人工地基一般是筑在小跨度的结构上面，与自然土壤之间有一层结构隔开，没有任何的连续性，即使在人工地基上堆积土壤，也没有地下毛细水的上升作用。由于建筑负荷的限制，土层的厚度也受到一定的影响。

天然地基由于土层厚、热容量大，所以地温受气温的影响变化小，土层越厚，变化幅度越小。达到一定深度后，地温就几乎恒定不变。人工地基则有所不同，因土层薄，其温度既受外界气温变化的影响，又受下面结构物传来的热量影响，所以土温的变化幅度较大，土壤容易干燥，湿度小，微生物的活动弱，腐殖质形成的速度较慢。由于种种原因，人工地基的土壤选择非常重要，特别是屋顶花园，要选择保水保肥强的土壤，同时应施入充分腐熟的肥料。如果保水保肥能力差，灌水后水分和养分很容易流失，致使植物生长不良。为了减轻建筑的负荷，节省经费开支，选用的植物材料体量要小、重量要轻，同时土壤基质也要轻，应混合保水保肥和通气性强的各种多孔性的材料，如蛭石、珍珠岩、煤灰土、泥炭、陶粒等。土壤最好使用田园土，没有时可用壤土加堆肥，土与轻量材料的体积混合比约为 3∶1。土壤厚度如有 30cm 以上时，一般可不经常浇水。

9. 人流的践踏和车辆的碾压

致使土壤密实度增加，土壤板结、孔隙度小、含氧量低，树木会烂根以至死亡。受压后孔隙度的变化与土壤的机械组成有直接的关系，不同的土壤在一定的外力作用下，空隙度变化不同，粒径越小受压后孔原度减少得越多，粒径大的砾石受压后几乎不变化。沙性强的土壤受压后孔隙度变化小；空隙度变化较大的是黏土，需要采用深翻和松土或掺沙、多施有机肥等措施来改变。

10. 海边盐碱地

沿海地区的土壤非常复杂，形成的原因很多，有的是山地，有的是填筑地。不管是山地和填筑地均多带盐碱，如为沙性土，其内的盐分经过一定时间的雨水淋溶能够排除。如果为黏性土，因排水性差，会长期残留。土壤中含有大量的盐分，不利于树木的生长，必须经过土壤改良（见盐碱地改良）方可栽植。另外，海边的海潮风很大，空气中的水汽含有大量的盐分，会腐蚀植物叶片，所以应选用耐海潮风的树种，如海岸松、柽柳、银杏、杜松、圆柏、糙叶树、木瓜、女贞、木槿、黑松、珊瑚树、无花果、罗汉松等。

11. 酸性红壤

在我国长江以南地区常常遇到红壤。红壤呈酸性反应，土粒细，土壤结构不良，水分过多时，土粒吸水成糊状，干旱时水分容易蒸发散失，土块变紧实坚硬，又常缺乏氮、磷、钾等元素，许多植物不能适应这种土壤，因此需要改良。可增施有机肥、磷肥、石灰等或扩大种植面，并将种植面与排水沟相连或在种植面下层设置排水层。江西的经验，在冬季种植耐瘠薄、耐干旱的肥田萝卜、豌豆等为宜，待土壤肥力初步改善后，种植紫云英、黄花苜蓿等豆科绿肥，夏季可种猪屎豆做绿肥。水土流失严重的地段可种胡枝子、紫穗槐等；热带瘠薄地可种毛蔓豆、蝴蝶豆、葛藤等多年生绿植。

三、土壤的改良及管理

园林绿地的土壤由于自然和人为原因，养分状况、土壤结构和理化性状都相对较差，主要表现为土壤板结、黏重，通气透水不良，微生物活动困难等，急需对土壤进行改良。增加土壤肥力，提高保水、保肥和通气能力，使其正常生长发育。根据土壤特性，可采用以下几种改良措施：

1.深翻熟化

深翻结合施肥，特别是施有机肥，可以改善土壤结构和理化性质，促使土壤团粒结构的形成，增加空隙度。因此，深翻后土壤的含水量和通气状况会大大改善。由于土壤中的水分和通气状况好转，使土壤微生物活动加强，加速土壤熟化，使难溶性营养物质转化为可溶性养分，相应地提高了土壤的肥力。

（1）深翻适应的范围。在荒山荒地、低湿地、建筑的周围、土壤的下层有不透水层的地方、人流的践踏和机械压实过的地段等栽植树木，特别是栽植深根性的乔木时，定植前都应深翻土壤，给根系生长创造良好的条件，促使根系往纵深发展。对重点布置区或重点树种也应该适时、适量深耕，以保证树木随着年龄的增长对水、肥、气、热的需要。过去曾认为深翻伤根多，对树木生长不利，实践证明，合理的深翻，虽然伤断了一些根系，但由于根系受到刺激后会长出大量的新根，因而提高了吸收能力，促使树木健壮生长。

（2）深翻的时间。深翻以在秋末冬初进行为佳。因为此时地上部分生长基本停止或趋于缓慢，同化产物消耗少，并已经开始回流积累，这时又正值根系秋季生长高峰，伤口容易愈合，并发出部分新根，吸收能力提高，吸收的和合成的营养物质在树体内进行积累，有利于树木翌年的生长发育；同时秋翻后经过漫长的冬季，有利于土壤风化和积雪保墒。如果由于某种原因，秋季没有进行深翻，也可以在早春进行，最好在土壤一解冻就及早实施。此时地上部分尚属于休眠状态，根系刚开始活动，生长较为缓慢，但除某些树种外，伤根后也较易愈合再生新根。但是早春时间短，气温上升快，伤根后根系还未来得及很好地恢复，地上部分已经开始生长，需要大量的水分和养分，往往因为根系供应的水分和养分不能满足地上部分生长的需要，造成根冠水分代谢不平衡，致使树木生长不良。加之早春各项工作繁忙，劳力紧张，会受其他工作冲击影响此项工作的进行。

（3）深翻的深度。翻的深度与地区、土质、树种、砧木等有关，黏重土壤深翻时要翻得较深；沙质土壤可适当浅翻，地下水位高时也宜浅翻；下层为半风化岩石时则宜加深以增加土层厚度，深层为砾石或沙砾时也应翻得深些，并捡出砾石增加好土，以免肥水流失；地下水位低、土层厚，栽植深根性树木时则宜深翻，反之则浅。下层有不透水层或为黄淤土、白干土、胶泥板及建筑地基等残存物时深翻深度则以打破此层为宜，以利渗水。可见，深翻深度要因地、因树而异，在一定范围内，翻得越深效果越好，一般为60~100cm，最好距根系主要分布层稍深、稍远些，以促进根系向纵深及周边生长，扩大吸收面积，提高根系的抗逆性。

（4）深翻的间隔期。土壤深翻后的熟化作用可以保持数年，因此没有必要年年都进行深翻，深翻效果持续年限的长短与土壤特性有关，一般黏土地、涝洼地翻后易恢复紧实，保持年限较短，每1~2年深翻一次；疏松的沙壤土保持年限则长，可每4~5年深翻一次。地下水位低，排水良好，翻后第二年即可显示出深翻的效果，多年后效果尚较明显；排水不良的土壤，保持深翻效果的年限较短。

（5）深翻的方式。园林树木土壤深翻方式根据破土的方式不同，可分为全面深翻和局部深翻。全面深翻是指将绿地进行全部深翻，此方法熟化作用好，应用范围小。局部深翻是针对具体植物进行小范围翻垦的方式，此方法应用最广。局部深翻又可分为行间深翻、隔行深翻、树盘深翻。树盘深翻中有环状深翻和辐射状深翻。树盘深翻是指在树木树冠边缘内，即树冠的地面垂直投影线内挖取环状深翻沟或辐射状深翻沟，既有利于树木根系向外扩展，也有利于近根茎附近根系更新，这多适用于绿地草坪中的孤植树和株间距大的树木。行间深翻则是在两行树木的行中间，挖取长条形深翻沟，用一条深翻沟达到对两行树木同时深翻的目的。在行列式种植的片林中，为减少对树木的根系伤害或减少当年费用，也可用隔行深翻的形式，这种方式多用于呈行列布置的树木，如风景林、防护林带、园林苗圃等。深翻方式很多，应根据具体情况灵活运用。应注意土壤的深翻熟化应与施肥、灌溉同时进行。深翻回填土时，需按照土层状况进行适当处理，通常维持原来的层次不变，就地翻松后掺入有机肥，将新土放在下部，将表土放在最上面。

2. 客、培土栽培

（1）客土是指非当地原生的、由别处移来用于置换原生土的外地土壤，通常是指质地好的土壤（沙壤土）或人工土壤。园林绿地的土壤条件非常复杂，在栽植树木或深翻时，大部分土壤满足不了树木的要求，必须采取全部或部分换入肥沃土壤以获得适合的栽培条件。客土一般在以下情况下进行：

1）树种需要有一定酸度的土壤，而栽植地土质不合乎要求，典型的例子是在北方种植喜酸性土壤的植物，如栀子、杜鹃、山茶、八仙花等，栽植时应将局部地段或花盆内的土壤换成酸性土，至少也要加大种植穴或采用大的种植容器，并放入山泥、泥炭土、腐叶土等，还要混拌一定量的有机肥，以满足喜酸性土壤树种的要求。

2）需要栽植地段的土壤根本不适宜园林树木的生长，如重黏土、沙砾土、盐碱地及被工厂、矿山排出的有毒废水污染的土壤等，或建筑垃圾清除后土壤仍然板结，土质不良，这时应考虑全部或局部换入肥沃的土壤。

（2）培土是在树木生长过程中，根据树木的需要在树木生长地添加部分土壤基质，以增加土层厚度、保护根系、补充营养、改良土壤结构的措施。在我国南方高温多雨地区，降雨量大，易造成大量的水土流失，土壤淋洗损失严重，生长在坡地的树木根系大量裸露，造成树木缺水缺肥、生长势差甚至可能导致树木整株倒伏或死亡，这时就需要及时培土。

培土的质地应根据栽植地的土壤性质决定，土质黏重的应培含沙质较多的疏松肥土甚至河沙；含沙质较多的可培塘泥、河泥等较黏重的肥土及腐殖土。培土量视植株的大小、土源、成本等条件而定，但一次培土不宜太厚，以免影响树木根系生长。若就地培土易造成更严重的水土流失。北方寒冷地区的培土一般在晚秋初冬进行，既可起保温防冻、积雪保墒的作用，同时压土掺沙后，促使土壤熟化，改善土壤结构，有利于树木的生长。

3. 土壤质地的改良

土壤过黏或过沙都不利于树木的生长，黏重的土壤易板结，渍水，通透性差，根系生长困难，容易引起根腐；反之，土壤沙性太强，漏水、漏肥，容易发生干旱。理想的土壤应由50%的气体空间和50%的固体颗粒组成。固体颗粒由有机质和矿物质组成，很多土壤测定数据表明，理想的土壤内应含有45%的矿物质和5%的有机质。因此，土壤质地的改良通常有增施有机质和增施无机质两种方法。

（1）有机质改良。有机质的作用像海绵一样，既能保持水分和矿质营养，也能通气透水。在沙土中，增施纤维素含量高的有机质，可保持水分和矿质营养。在黏土中，增施有疏松性，能造成较大的空隙度的有机质，可改善黏土的透气排水性能。增施有机质的量一定要掌握好，一般认为100m²的施肥量不应多于2.5m²，约相当于增加3cm表土。改良土壤的最好有机质有粗泥炭、半分解状态的堆肥和腐熟的厩肥。未腐熟的肥料施料，特别是新鲜有机肥，氨的含量较高，容易损伤根系，施后不宜立即栽植植物，应待肥料发酵后再应用。

（2）无机质改良。中壤质土是比较理想的土壤，土壤质地适中，通透性好，保水保肥性能较好，施肥后养分供应及时、平稳。增施无机质，可使土壤向中壤质方向发展。具体方法就是将不同质地的两类土壤掺入对方土壤。过黏的土壤在挖穴或深翻过程中，应结合施用有机肥掺入适量的粗沙，增加非毛管空隙的量，提高通气透水的能力；反之，如果土壤沙性过强，结合施用有机肥掺入适量的黏土或淤泥，增加毛管空隙，保水保肥。利用粗沙改良黏土，避免使用细沙，同时要注意加入量的控制。不能太少，否则作用不大。一般情况下，加沙量必须达到原有土壤体积的1/3，才能显示出改良黏土的良好效果。除了在黏土中加沙以外，也可加入其他松散物质，如陶粒、粉碎的火山岩、珍珠岩和硅藻土等。但这些材料比较贵，只能用于局部或盆栽土的改良。

4. 土壤的化学改良

（1）施肥改良。利用施肥对土壤化学性质进行改良，不但可以给土壤补充各种大量元素，还有微量元素和多种生理活性物质，包括激素、维生素、氨基酸、葡萄糖、酶等。化肥施用供给的元素有限，因此多以有机肥为主。有机肥所含营养元素全面，还能增加土壤的腐殖质，其有机胶体又可改良沙土，提高保水保肥能力，改良黏土的结构，增加土壤空隙度，调节土壤的通透性状，改善土壤的水、肥、气、热条件。种植业常用的有机肥料有枝叶土杂堆肥、禽畜粪肥、鱼肥、饼肥、人粪尿、绿肥以及城市的生活垃圾肥等，有机肥均需经腐熟发酵才可使用。

（2）土壤酸碱度调节。不同的树种对土壤酸碱度的适应程度不同，酸碱度能影响土壤养分的分解转化与有效性，影响土壤的理化性质及微生物的活动。过酸过碱都会造成树木的生长发育不良，大多数园林树木适宜中性至微酸性的土壤，我国许多地区园林绿地酸性和碱性土壤面积较大，南方的土壤 pH 值偏低，北方偏高。通常情况下，当土壤 pH 值过低时，土壤中活性铁、铝增多，磷酸根易与它们结合形成不溶性的沉淀，造成磷素养分的无效化、黏粒矿物易被分解、盐基离子大部分遭受淋失，不利于良好土壤结构的形成。当土壤 pH 值过高时，发生钙对磷酸的固定，使土粒分散，结构被破坏。所以，土壤酸碱度可用以下方法调节：

1）土壤酸化处理。主要通过施用释酸物质进行调节，偏碱土壤的 pH 值有所下降。施用有机肥料、生理酸性肥料、石膏和硫黄等，通过物质转化产生酸性物质，降低土壤的 pH 值，符合酸性景观树种生长需要。据试验，每 $100m^2$ 施用 450kg 硫黄粉，可使土壤 pH 值从 8.0 降到 6.5 左右；硫黄粉的酸化效果较持久，但见效缓慢。盆栽树木可用 1：50 的硫酸铝钾或 1：180 的硫酸亚铁水溶液浇灌，降低盆栽土的 pH 值。

2）土壤碱化处理。主要通过施入碱性物质，对偏酸的土壤进行处理，使之土壤 pH 值有所提高。如土壤中施加石灰、草木灰等碱性物质，但以石灰较普遍。调节土壤酸度用的"农业石灰"，即石灰石粉（碳酸钙粉）。石灰石粉越细越好，有利于增加土壤内的离子交换强度，以达到调节土壤 pH 值的目的。石灰石粉的施用量（把酸性土壤调节到要求的 pH 值范围所需要的石灰石粉用量）应根据土壤中交换性酸的数量确定，其需要量的理论值可按如下公式计算：

石灰施用量理论值＝土壤体积×土壤容重×阳离子交换量×（1－盐基饱和度）

在酸性强、缓冲作用也强的土壤中，钙的施用量，有时高达 3kg/1000kg 以上。实际上，一次施入大量的钙也很难与土壤混合均匀，所以一次施用量应为 1.0≈1.5kg/1000kg，分 2~3 年施入，逐渐改善 pH 值。另外，经过酸碱度调节的土壤，并不会长期不变，应定期根据树木出现的征兆进行测定，继续采取相应措施。

5. 土壤的生物改良

土壤的生物改良是指利用生物的某些特性用以适应、抑制或改良被污染土壤的措施。简单来说，就是利用动物与植物的活动与生长对土壤的一些条件进行改良。

（1）植物改良。有计划地种植地被植物是城市园林绿地中用来改良土壤的有效措施之一。地被植物的应用，能使有机物或植物活体覆盖土面，防止或减少水分蒸发，减少地表径流，增加土壤有机质，调节土壤温度和减少杂草生长，为树木生长创造良好的环境条件。若在生长季进行覆盖，秋后将覆盖的有机物随即翻入土中，增加土壤有机质，改善土壤结构，提高土壤肥力，有利于园林树木根系生长；也在增加绿化量的同时避免地表裸露，防止尘土飞扬，丰富绿地景观。选用的地被植物应具备一定的条件，它们应该是适应性强，有一定的耐阴、耐践踏能力，覆盖面大，繁殖容易，有一定的观赏价值，根系有一定的固持力，枯枝落叶易于腐熟分解，并以就地取材、经济适用为原则。在大面积粗放管理的绿地中，还可将草坪修剪下来的草头随手堆于树盘附近，用以进行覆盖。一般对于幼龄的园林树木或疏林草地的树木，多在树盘下进行覆盖，覆盖的厚度通常以 3~6cm 为宜，鲜草 5~6cm，过厚会有不利的影响，一般均在生长季节土温较高且较干旱时进行地面覆盖。常用木本种类有五加、地锦类、金银花、木通、扶芳藤、常春藤类、络石、非白竹、倭竹、葛藤、裂叶金丝桃、野葡萄、凌霄类等。草本植物有铃兰、地瓜藤、马蹄金、石竹类、勿忘草、百里香、萱草、酢浆草、鸢尾类、麦冬类、留兰香、玉簪类、吉祥草、石碱花、沿阶草以及绿肥类、牧草类植物，如绿豆、豌豆、苜蓿、红三叶、白三叶、苕子、紫云英等，各地可根据实际情况灵活选用。在实践中要注意处理好种间关系，应根据习性互补的原则选用物种，以免对园林树木的生长造成负面影响。

（2）动物改良。昆虫、软体动物、节肢动物、线虫、细菌、真菌、放线菌往往在园林绿地的土壤中是常有的，它们恰好有利于土壤的改良，如蚯蚓，有利于土壤混合、团粒形成通气状况的改善。一些微生物，它们数量大、繁殖快、活动性强，能促进岩石风化和养分释放、加快动植物残体的分解，促进土壤的形成和养分分解转化。利用动物改良土壤，一方面要保护土壤中现存有益动物种类，严格控制土壤施肥、农药使用，防止土壤与水体污染，为动物创造良好的生存环境；另一方面要推广使用有益菌种，如将根瘤菌、固氮菌、磷细菌、钾细菌等制成生物肥料，它们生命活动的分泌物与代谢产物，既给园林树木提供某些营养元素、激素类物质、各种酶等，刺激树木根系生长，又能改善土壤的理化性能。

6. 土壤污染的防治

土壤污染既可指土壤中积累的有毒或有害物质超过了土壤自净能力，也可指有益物质过量，这都会对园林树木正常生长发育造成伤害。土壤污染直接影响园林树木的生长，如通常当土壤中砷、汞等重金属元素含量达到 2.2~2.8mg/kg 时就可能使树木的根系中毒，丧失吸收功能；土壤污染还会造成土壤结构破坏，肥力衰竭，引发地下水、地表水及大气等污染，因此，土壤污染不容忽视。防治土壤污染的措施主要有以下几种：

（1）预防措施。禁止工业、生活污染物体、液体混入园林绿地造成污染，加强污水监测管理，各类污水需净化后才能灌溉；清理绿地中各类固体废物、有毒垃圾、污泥等；合理施用化肥和农药：采用低量或超低量喷洒农药方法，使用药量少、药效高的农药，严格控制剧毒及有机磷、有机氯农药的使用范围，严格控制污染源。

（2）治理措施。在某些重金属污染的土壤中，加入石灰、膨润土、沸石等土壤改良剂，控制重金属元素的迁移与转化；降低土壤污染物的水溶性、扩散性和生物有效性。采用客土、换土、去表土、翻土等方法更换已被污染的土壤。另外，还有隔离法、清洗法、热处理法以及近年来为国外采用的电化法等。工程措施治理土壤污染效果彻底但投资较大。

第四节　整形修剪

一、整形修剪概述

1. 整形修剪的概念

所谓整形，就是指运用剪、锯、绑、扎等手段对树木植株施行一定的技术措施，使之形成栽培者所需要的树体结构形态。所谓修剪，就是指对植株的某些器官，如干、枝、叶、花、果、芽、根等进行剪、截或删除的操作。两者合称整形修剪。整形是目的，修剪是手段。整形是通过一定的修剪手段完成的，而修剪又是在整形的基础上，根据某种树形的要求而实施的技术措施，二者密不可分。对于园林树木来说，"三分种，七分养"，所以，整形修剪是一项极其重要的养护管理措施。

2. 整形修剪的作用

（1）具有调节生长和发育的作用。整形修剪对树木的生长发育具有双重作用，即"整体抑制，局部促进；整体促进；局部抑制"。原因在于，树木的地上部分与地下部分是相互依赖、相互制约的，二者保持动态平衡。任何一方的增强或减弱，都会影响另一方的强弱。具体来说，树木经过整形修剪必然要失掉一定的枝叶量，枝叶量的减少会影响光合作用产物的形成。由于树木地上与地下总保持着一定的相对平衡状态，所以随之而来的是供给地下的根系有机物相对减少，根的生长与树体内贮存的有机营养密切相关，因而削弱了根的作用。由于根的作用降低，供给地上部分的水和无机营养相对要减少，地上部分由于得不到足够的营养，削弱了生长势，其结果对树木整体生长起到了抑制作用。如果对直立枝或背上斜侧枝在饱满芽上面短截，则会抽生出生长势比较强的枝条，所以对这类枝条来说，修剪增强了其生长势，这就是所说的"整体抑制，局部促进"作用。以上的作用是相对而言的，由于修剪程度和修剪部位不同，则会出现相反的结果。如对树木大部分枝条采取轻截（多用于幼树），则会促其下部侧芽萌发，大量侧芽萌发，增加了枝条总的数量。由于枝叶量的增加，光合作用的产物相应也会增多，因而供给根系生长活动需要的有机营养增加了，根的吸收和生长能力增强，相应地促进了植株的生长势。如果对背下枝或背斜侧枝剪到弱芽处，压低角度，改变枝向，则抽生的枝条生长势比较弱或根本抽不出枝条，此时对这类枝条不是增强，而起到削弱的作用，这就是"整体促进，局部抑制"作用。整形修剪对园林树木生长的影响是有时间性的，在修剪的初期对植株的生长会产生抑制作用，但在修剪的刺激下树木萌发大量的枝叶后，整株树木的光合作用水平会有极大的提高，从而促进植株生长。

（2）调节生长与开花结果。生长是开花结果的基础，只有足够的枝叶量，才能制造大量的有机营养，有利于形成花芽。如果生长过旺，树体养分的消耗大于养分的积累，枝条则因营养不良而无力形成花芽。如果开花结果过多，消耗大量营养，相应地生长也会受到抑制。在这个时候如不及时疏花疏果，则树体会因养分不足而衰弱。所以，科学合理的整形修剪，能使树木的生长与结果之间的矛盾达到相对平衡状态。修剪时要注意器官的数量、质量和类型。有的要抑强扶弱，使生长适中，有利结果；有的要选优去劣，集中营养供应，提高器官质量。对于生长枝既要长、中、短各类枝条互相搭配，又要有一定的数量和比例关系，同时还要注意分布的位置。对于徒长枝要去掉一部分，以缓和竞争，使多数枝条生长充实、健壮，以利生长和结果。一般来说，若想加强营养生长，则应在修剪后令其多发长枝，少发短枝，促发大量的枝叶，有利于养分集中，用于枝条生长，为尽快形成花芽奠定基础。为了使其向生殖生长转化，修剪时应令其多发中、短枝，少发长枝，促进养分积累，用于花芽分化。

通过适当的修剪可以调整营养枝和花果枝的比例，就是要使营养器官和生殖器官在数量上要相适应。如花芽过多，必须疏剪花芽或进行疏花疏果，以促进枝叶生长，维持两类器官相对均衡。同时还应着眼于各器官各部分的相应独立，即使一部分枝条进行营养生长，一部分枝条开花结果，每年交替，相互转化，使二者相对均衡。

（3）调节树体内的营养物质。整形修剪后，树木枝条生长的强度以及外部形态会相应地发生变化，这是由树体内营养物质含量产生变化导致的。整形修剪对营养物质的吸收、合成、积累、消耗、运转、分配及各类营养间相互关系都会产生相应的影响。修剪可以调整植株的叶面积，从而改善光照条件，增强光合作用，改变树体的营养状况；修剪通过调节地上部分与地下部分的相对平衡，影响根系的生长，进一步影响到无机营养的吸收与有机营养的积累和代谢水平。修剪能够调节营养器官和生殖器官的数量、比例和类型，从而影响树体的营养积累和代谢状况。通过修剪控制无效叶和调节花果数量，减少营养的无效消耗；除此以外，修剪还可以调节枝条的角度、器官数量、疏导养分运输的通路，调节养分的分配，定向运送和分配营养物质。但修剪只起调节作用，不能制造营养物质。经过短截的枝条及短截后枝条上的芽萌发抽生的新梢，其内部含氮量和含水量相对增加，而枝条内碳水化合物的含量则相对减少。为了减少整形修剪对树体内养分造成的损失，应尽量在树木枝条内养分含量较少的时期进行修剪。一般冬季修剪应在树木秋季落叶后，养分回流到根部和枝干上贮藏，到春季萌芽前树液尚未流动时进行为宜。而生长季节对树木的修剪，如抹芽、除萌等则应在树木的芽刚萌发的时候进行或萌芽后不久进行，以尽量减少因修剪而造成的树体内营养物质的消耗。

（4）促进老树的复壮更新。有一种修剪称为更新修剪，就是对老树保留主干、主枝部分，截掉全部侧枝，可刺激长出新枝，选留有培养前途的新枝代替原有老枝，形成新冠。老树通过修剪的更新复壮，一般情况下要比栽植新树的生长快得多，能保持树木的景观。因为它们具有很深很广的根系及树体，可为更新后的树体提供充足的水分、营养及骨架。树体进入衰老阶段后，长势减弱，花果量明显减少，出现落花、落果、落叶、枯枝死杈、树体出现向心枯亡现象，导致原有的园林景观消失。但有些树种的枝干皮层内可有隐芽或潜伏芽，通过诱发形成健壮的新枝，达到恢复树势、更新复壮的目的，如柳树、国槐、白蜡等。对许多月季灌木，在每年休眠期，将植株上的绝大部分枝条修剪掉，仅仅保留基部主茎和重剪后的短侧枝，让它们翌年重新萌发新枝。

（5）改善良好的通风透光条件。枝条密生，树冠郁闭，内膛枝条细弱老化，枝叶上病虫害滋生，这种情况的树木一般就是因为自然生长或是修剪不当造成的。一方面，内膛枝条得不到光照，影响光合作用，小枝因营养不良饥饿而死亡，其结果造成开花部位外移，成为天棚形。另一方面，由于枝条密集，影响紫外线的照射，树冠内积聚闷热潮湿的空气。整形修剪恰好解决了这个问题，通过修剪、疏枝，老弱枝、病虫枝、伤残枝等都被剪除，树冠内可以通风透光，病菌和害虫没有生存的条件，树木感染病虫害的机会自然就减少。同时由于改善了光照条件，内膛小枝因得到了光照而有机营养增加，进行花芽分化，开花满树，呈现出立体开花效果。

（6）提高树体景观效果。树木的景观价值及其自然形状是树木整形成功的基础。整形修剪可使树体的各层主枝在主干上分布有序、错落有致、主从关系明确、各占一定空间，从而形成合理的树冠结构，达到完美的景观效果。园林绿地中的一些树木自然树形很美，是直接被利用的，但是，它们年复一年的生长，终年经受风吹日晒与"自疏"，会逐渐出现枯死枝；还会受到病虫的侵袭，形成病虫枝；诸多的无用枝条的存在都会影响树木的外形美观。对于观赏花木，人们不但希望它们开花多，色彩鲜艳，而且希望开花的枝条富有艺术性。因此很多观花树木要进行整形修剪，在自然美的基础上，创造出人为干预的自然与艺术融为一体的美。

（7）调节与建筑设施的矛盾。在城市中由于市政建筑设施复杂，常常出现与树木的矛盾。尤其行道树，比如枝条与电缆或电线的距离太近的现象，超过规定的标准，往往会发生危险。为了安全，只有修剪树木来解决二者之间的矛盾，去掉即将超越枝条与电缆或电线距离的枝条，是保证线路安全的重要措施。下垂的枝条，如果妨碍行人和车辆通行，必须剪到 2.5~3.5m 高度。同样，为了防止树木对房屋等建筑的损害，也要进行合理修剪，甚至挖除。如果树木的根系距离地下管道太近，也只有通过修剪树木的根系或将树木移走来解决，别无他法。所以，目前街道绿化必须严格遵守有关规定的树木与管道、电缆和电线、建筑等之间的距离。

二、整形修剪的原则

1. 根据树木在园林绿地中的功用

园林绿地中栽植的树木都有其自身特定的功能和目的，不同的整形方式将形成不同的景观效果。以观花为主的树木，如梅、桃、樱花、紫薇、夹竹桃等，应以自然式或圆球形为主，使上下花团锦簇、花香满树。绿篱类则采取规则式的整形修剪，以展示树木群体组成的几何图形美；庭荫树以自然式树形为宜，树干粗壮挺拔，枝叶浓密，发挥其游憩休闲的功能。如槐树和悬铃木用来做庭荫树则需要采用自然树形，而用来做行道树则需要整剪成杯状形。

在游人众多的主景区或规则式园林中，整形修剪应当精细，并进行各种艺术造型，使园林景观多姿多彩、新颖别致、生机盎然，发挥出最大的观赏功能以吸引游人。在游人较少的地方，或在以古朴自然为主格调的游园和风景区中，应当采用粗放修剪的方式，保持树木的粗犷、自然的树形，使人有回归自然的感觉。

2. 根据树木生长发育的习性

不同的树种，生长发育习性各异，顶端优势强弱也不一样，而形成的树形也不同。如顶端优势强的松柏、南洋杉、银杏、箭杆杨等整形时应留主干和中干，分别形成圆锥形、尖塔形、长卵圆形和柱状的树冠；顶端优势较强的柳树、槐树、元宝枫、樟树等整形时也应留主干和中干，使其分别形成广卵形、圆球形的树冠；顶端优势不强的、萌芽力很强的桂花、杜鹃、榆叶梅等整形时不能留中干，使其形成丛球形或半球形，而龙爪槐、垂枝桃、垂枝榆等枝条下垂并且开展，所以可将树冠整剪成开张的伞形。观赏树木种类非常丰富，在栽培过程中又形成许多类型和品种。在选择整形修剪方式时，首先应考虑树木的分枝习性、萌芽力和成枝力、开花习性、修剪后伤口的愈合能力等因素。

不同的树种和品种花芽着生的位置、花芽形成的时间及其花期是不同的，春季开花的花木，花芽通常在前一年的夏、秋季进行分化，着生在二年生枝上，因此在休眠季修剪时必须注意花芽着生的部位。具有顶花芽的花木，如玉兰、黄刺玫、山楂、丁香等在休眠季或者在花前修剪时绝不能采用短截（除了更新枝势）；具有腋花芽的花木如榆叶梅、桃花、西府海棠等，则在休眠季或花前可以短截枝条。树木的花芽如果腋生又为纯花芽，在短截枝条时应注意剪口芽不能留花芽（除混合芽外），因为花芽只能开花，不能抽生枝叶。花开过后，在此会留下很短的干枝段，这种干枝段残留的过多，会影响观赏效果。对于观果树木，由于花上面没有枝叶作为有机营养的来源，在花谢后不能坐果，致使结果量减少，最后也会影响观赏效果。

3. 根据树木生长的环境

园林树木的整形修剪，还应考虑树木与生长环境的协调、和谐，通过修剪使树木与周围的其他树木和建筑物的高低、外形、格调相一致，组成一个相互衬托、和谐完整的整体。例如，在门厅两侧可用规则的圆球式或悬垂式树形，在高楼前宜选用自然式的冠形，以丰富建筑物的立面构图；在有线路从上方通过的道路两侧，行道树应采用杯状式的冠形。如果树木生长地周围很开阔、面积较大，在不影响与周围环境协调的情况下，可使分枝尽可能地开张，以最大限度地扩大树冠；如果空间较小，应通过修剪控制植株的体量，以防拥挤不堪，影响树木的生长，又降低观赏效果。如果地形空旷，风力比较大，应适当控制高大树木的高度生长，降低分枝点高度，并降低树冠的枝叶密度，增加树冠的通透性，以防大风对园林树木造成风折、风倒等危害。

由于不同地域的气候类型各不相同，对不同地域园林树木的修剪也应采用与当地气候特征相适应的修剪方法。在雨水较多的南方地区，空气特别潮湿闷热，树木的生长速度较快，也特别容易引发树木的病虫害，因此在南方地区栽植树木除加大株行距外，还应对树木进行重剪，降低树冠的枝叶密度，增强树冠的通风和透光条件，保持树木健壮生长。在干旱的北方地区，降雨量较少，树木生长速度相对较慢，所以修剪一般不宜过重，应尽量保持树木较多的枝叶量，用以保存树体内的含水量，求得较好的绿化效果。

4. 根据树木的树龄和生长势

不同年龄的树木应采用不同的修剪方法。幼龄期树木应围绕如何扩大树冠及形成良好的冠形来进行适当的修剪；盛花期的壮年树木，要通过修剪来调节营养生长与生殖生长的关系，防止不必要的营养消耗，促使分化更多的花芽。观叶类树木，在壮年期的修剪只是保持其丰满圆润的冠形，不要发生偏冠或出现树冠空缺的现象。生长逐渐衰弱的老年树木，则应使用回缩、重剪等方法刺激休眠芽的萌发，萌发出强壮的枝条来代替衰老的大枝，以达到更新复壮的目的。

不同生长势的树木所采用的修剪方法也不同，对于生长旺盛的树木，宜采取轻剪或不剪的管理方法，以逐渐缓和树木的生长势，保持树木的良好生长状况；对于生长势较弱的树木，则应采用较重的修剪方法，一般对其进行重短剪或回缩，剪口下留饱满芽或刺激潜伏芽萌发产生较为强壮的枝条，进而形成新的树冠以取代原来的树冠，以求恢复树木的生长势，取得良好的绿化效果。

三、整形修剪的常用工具

园林树木常用的整形修剪工具有修枝剪、修枝锯、斧头、刀具、梯子、割灌机等。

1. 修枝剪

修枝剪也叫剪枝剪，包括普通修枝剪、绿篱剪、高枝剪等。

（1）普通修枝剪。由一片主动剪片和一片被动剪片组成，主动剪片的一侧为刀口，需要在修剪前打磨好刀刃。一般能剪截 3cm 以下的枝条，只要能够含入剪口内，都能被剪断。这是每个园林工人和花卉爱好者必备的修剪工具。操作时，如果用右手握剪，则用左手将粗枝向剪刀小片方向猛推，很容易将枝条剪断，千万不要左右扭动剪刀，否则剪刀容易松口，刀刃也容易崩裂。

（2）长把修枝剪。其剪刀呈月牙形，虽然没有弹簧，但手柄很长，因此，杠杆的作用力相当大，在双手各握一个剪柄的情况下操作，修剪速度也不慢。这种剪适用于园林中有很多较高的灌木丛，它能使工作人员站在地面上就能短截株丛顶部的枝条。

（3）高枝剪。剪刀装在一根能够伸缩的铝合金长柄上，可以随着修剪的高度进行调整。在刀叶的尾部绑有一根尼龙绳，修剪的动力是靠猛拉这根尼龙绳来完成的。在刀叶和剪筒之间还装有 1 根钢丝弹簧，在放松尼龙绳的情况下，可以使刀叶和镰刀固定剪片自动分离而张开。用来剪截高处的枝条，被剪的枝条不能太粗，一般在 3cm 以下。

（4）绿篱剪。用于修剪绿篱和树木造型，其条形刀片很长，修剪一下可以剪掉一片树梢，这样才能将绿篱顶部与侧面修剪平整。绿篱剪的刀片较薄，只能用来平剪嫩梢，不能修剪已木质化的粗枝。如果个别的粗枝露出绿篱株丛，应当先用普通修枝剪将其剪断，然后再绿篱剪修剪。

实践中使用的高枝锯通常与高枝剪合并在一起。

（1）单面修枝锯。弓形的细齿单面手锯，用于截断树冠内的一些中等枝条，由于此锯的锯片很窄，可以伸入到树丛当中去锯截，使用起来非常自由。

（2）双面修枝锯。锯片两侧都有锯齿，一边是细锯齿，另一边是深浅两层锯齿组成的粗齿。比较适合锯除粗大的树枝，这种锯在锯除枯死的大枝时用粗齿，锯截活枝时用细齿，以保持锯面的平滑。这种锯的锯柄上有两个很大的椭圆形孔洞，可以用双手握住来增加锯的拉力。

（3）高枝锯。锯片呈月牙形，具有单面锯齿，适合修剪树冠上部的大枝，因为高枝剪通过绳的拉力只能剪断一些细的枝条，高枝锯刚好能剪大枝。

2. 油锯

油锯指的是一种用汽油机做动力的树木修剪工具。可用油锯来修剪大枝或截断树干。目前的园林树木修剪已越来越多地使用油锯等机具。使用油锯能够极大地提高劳动生产效率。但是，油锯工作时运转速度很快，操作时一定要注意安全，最好让有经验的员工或经过培训的人员进行操作。

3. 割灌机

割灌机也属于一种常用的树木修剪机具，一般用于修剪外形较规则的树木，如绿篱、色块等。制灌机工作效率很高，不过使用时需要注意安全。

4. 梯子

梯子是修剪高大树木位置较高的枝干时作为辅助工具使用。在使用前首先应观察地面凹凸及软硬情况，以保证安全。

四、整形修剪的时间

1. 修剪时间

树木的种类繁多，习性与功能各异，各有其相宜的修剪季节。一般来说，树木的修剪分为休眠期修剪和生长期修剪两个时间段。

（1）休眠期修剪。休眠期修剪又叫"冬季修剪"，是指从落叶休眠开始到第二年春季萌芽之前进行的修剪。主要目的是调整树形，保证树体营养的贮存与利用。在这一时期，大部分时间为冬季，树体贮藏的养分充足，枝叶营养大部回归主干、根部，地上部分修剪后，枝芽减少，可集中利用树体贮藏的营养来供给新梢的萌发，因此新梢生长加强，剪口附近的芽体长期处于生长优势，对于加强树势有明显作用。整个休眠期，修剪的最好时期是休眠期即将结束时的早春修剪时期，即树液流动前1~2个月，此时伤口最容易形成愈合组织。但要注意不能过迟，以免临近树液上升时再修剪而造成养分损失。

（2）生长期修剪。生长期修剪又叫"夏季修剪"，是指从春季萌芽开始至新梢或副梢停止前进行的修剪。主要目的是缓解与终止某些器官的生长，促进某些器官的生长，改善树冠的通风透光性能。这一时期的修剪，容易调节光照条件和枝梢密度，也容易判断病虫、枯死与衰弱的枝条，同时也便于把树冠修整成理想的形状，其最大的不足之处是不可避免地要造成树体营养的损失。因此，生长期修剪多用于幼树整形和控制树体旺长。大多数常绿树种的修剪终年都可以进行，但宜在春季气温开始上升、枝叶开始萌发后进行，因为这段时间修剪的伤口，大都可以在生长季结束之前愈合，同时可以促进芽的萌动和新梢的生长。

2. 整形方式

（1）自然式整形。这种整形方式依据树木本身的生长发育习性，保持了树木的自然生长形态，对树冠的形状略加辅助性的调节和整理，既保持树木的优美自然形态，同时也符合树木自身的生长发育习性，树木的养护管理工作量小。在修剪中，只疏除、回缩或短截破坏树形和有损树体健康及行人安全的过密枝、徒长枝、萌发枝、内膛枝、交叉枝、重叠枝及病虫枝、枯死枝等。一般常见自然式树形有圆柱形、塔形、卵圆形、丛生形、垂枝形等，有这些良好冠形的树种主要有以下几种：圆柱形——塔柏、杜松、钻天杨等；塔形——雪松、水杉、落叶松等；卵圆形——桧柏（壮年期）、白皮松、毛白杨、银杏、加拿大杨等；球形——圆头椿、珊瑚礁、元宝枫、贴梗海棠、黄刺梅、国槐、栾树等；垂枝形——龙爪槐、垂枝榆、垂枝碧桃等；伞形——合欢、鸡爪槭、垂枝桃、龙爪槐等。

（2）人工式整形。以人的观赏理念为目的，不考虑树木的生长发育特性而进行的一种装饰性的整形方式就是人工式整形。一般为了满足人们的艺术要求，将树修整成各种几何体或非规则式的形体。几何式的整形采用的树种必须具有很强的萌芽力和成枝力，并耐修剪。修剪时，必须按照几何形体构成的规律进行，修剪出的形状有圆形、方形、梯形、柱形、杯形、蘑菇形等。非规则式的整形一般分为坦壁式和雕塑式。坦壁式常出现于庭院及建筑物附近，为了垂直绿化墙壁。常见的形状有 U 字形、叉子形、肋骨形、扇形等，这种整形，需要培养一个低矮的主干，在干上左右两侧呈对称或放射性配列主枝，并使枝头保持在同一平面上。雕塑式选择枝条茂密、柔软、叶形细小且耐修剪的树种，根据整形者的意图，创造出各种各样的形体，但是一定要注意所整形体与周围环境的协调，线条简单，轮廓简明大方。一般形状有龙、凤、狮、马、鹤、鱼等。养护时，随时修剪伸出形体外的枝条，并及时补植已枯植株，这样才能始终保持形体的完美。

（3）混合式整形。混合式整形指在树木原有的自然形态基础上，根据人们的观赏要求略加人工改造的整形方式。多针对小乔木、花果木及藤木类树木。这种方式修剪出的形状主要有自然杯状形、自然开心形、中央领导干形、多主干形、丛生形、棚架形等。

1）自然杯状形。这种树形的树木没有中心干，仅有很短的主干，主干高度一般为40~60cm，主干上着生 3 个主枝，主枝和主干的夹角约为 45°，3 个主枝之间的夹角为 60°，每个主枝上着生 2 个侧枝，共形成 6 个侧枝，每侧枝各分生 2 个枝条即成 12 枝，即所谓"三股、六杈、十二枝"的树形。这种树形的树木树冠内一般没有明显的直立枝、内向枝。这种树形主要是用于极为喜光的花灌木，要求树形开张，树冠保持一定的厚度，使整个树冠的通风透光性能良好，以利于树木的正常生长发育和开花结果。

2）自然开心形。由杯状形改进而来的种树形，树体没有中心干，主干上分枝点较低，

3~4个主枝错落分布，自主干向四周放射生长，树冠向外展开，树冠中心没有枝条，故称自然开心形。这树形主枝上的分枝不一定必须为两个分枝，树冠也不一定是平面化的树冠，这一树形能较好地利用空间。

3）中央领导干形。这一树形的特点是在树冠中心保持较强的中央领导干，在中央领导干上均匀配置多个主枝。若主枝在中央领导干上分层分布，则称为疏散分层形。这种树形，中央领导干的生长优势较强，能不断向外和向上扩大树冠，主枝分布均匀，通风透光良好。中央领导干形适用于干性较强的树种，能形成较为高大的树冠，是庭荫树、观赏树适宜选择的树形。

4）多主干形。这一树形的特点是一株树木拥有2~4个主干，主干上分层配备侧生主枝，形成规则优美的树冠。适用于观花灌木和庭荫树，如紫薇、紫荆、蜡梅等树种。

5）丛生形。树形类似多主干形，只是主干较短，每个主干上着生数个主枝成丛状。这一树形的叶幕较厚，观赏和美化的效果较好。一般的灌木都为这一树形。

6）棚架形。先建好各种形式的棚架、廊、亭，在旁边种植藤本树木，按藤本树木的生长习性加以修剪、整形和诱引，使藤木顺势向上生长，最后藤木和棚架、廊、亭等结合到一起共同形成独特的园林树木景观类型。在树木整形的这三种方式中，以自然式整形为主，因为自然式整形可以充分利用树木优美的自然树形，又能节省人力、物力。其次是混合式整形，在自然树形的基础上进行适当的人工整形，即可达到最佳的绿化、美化效果。树木的人工式整形，费时费工，又需要具有较高整形修剪技艺的人，并且树形保持的时间短，因此只在局部或特殊要求的地方应用。

五、整形修剪的方法

园林树木的修剪方法按树木修剪的时间不同可有冬季修剪（休眠期修剪）和夏季修剪（生长期修剪）两大类。树木冬季修剪所采取的一般方式包括短截、回缩、疏枝、缓放、截干、平茬等。树木夏季修剪一般采取的方法有摘心、剪梢、除萌、抹芽等。在对园林树木进行修剪时一定要根据修剪的具体时间、所修剪树木的生长状况及修剪的目的选择合适的修剪方法：

1. 冬季修剪的方法

（1）短截

短截指的是把园林树木一年生枝条的前端剪去一截的修剪方法。此法对刺激剪口下的侧芽萌发，增加树木的枝量，促进树木营养生长和增加树木开花结果量有较大作用。一般说来，短截的作用包括以下五个方面。

1）短截能改变顶端优势的现象，故可采用"强枝短剪，羽枝长剪"的做法，以此调节枝势的平衡。

2）培养各级骨干枝通常采用短截的方法，能起到控制树冠的大小和枝梢长短的作用。短截时，应根据空间与整形的要求，注意剪口芽的位置和方向，剪口芽要留在可以发展的、有空间的地方，对于留芽的方向要注意是否有利于树势的平衡。

3）轻短截可刺激树木顶芽下面的侧芽萌发，使分枝数加多，增加了枝叶量，并且对于有机物积累，更好地促进花芽的分化等有积极的影响。中短截较疏剪对于增强同一枝上的顶端优势效果更好，即在短截后其枝梢上下部水分、氮素分布的梯度增加，要比疏剪的明显。所以强枝在过度短截后，往往会出现顶端新梢徒长，不过下部新梢过弱，不能形成花枝。

4）短截后，因为缩短了枝叶与根系营养运输之间的距离，因此便于养分的运输。根据有关数据的测定，植物处于休眠季短截后，新梢内水分和氮素的含量要比对照的高，而糖类的含量则较低，充分说明了短截能够对枝条的营养生长和更新复壮产生积极影响。

有些果树如苹果、梨等，当其主枝选留的数量达到要求，树木又生长得较高以后，通常需要进行截顶工作。园林实践中，有很多树木需要将顶尖剪除，目的是为了降低其高度。实质上，这种截顶是一种回缩更新的方法。这类回缩方法通过去掉正常树冠而改变树形，因此伤口很大，极易使锯断处的伤口产生严重的腐朽，还有可能因为去掉枝叶而失去遮阴的功能，反而导致树皮突然长期暴露在直射的阳光下而发生日灼病。因此，在剪除大枝时，对于剪口的保护，应该用石蜡、沥青、油漆等做涂抹处理；还应逐年、分期进行截顶，不可急于求成，目的在于防止破坏树形与发生日灼。此外，老弱树木修剪的目的一般包括以更新复壮为主，可采用重截的方法，使营养集中在少数的叶芽内，以萌发壮枝。老弱树的修剪一般有"大更新""小更新"之分。

（2）回缩

回缩也被称为缩剪，是指将多年生枝条剪去一部分，多用于枝组或骨干枝更新，还有用来控制树冠辅养枝等。怕回缩因为修剪量较大，因而具有刺激较重、更新复壮的作用。缩剪反应与缩剪程度、留枝强弱、伤口大小等有关，所以回缩的结果可能是促进作用，也可能是抑制作用。如果回缩后留强的直立枝，而且伤口较小，缩剪又适度，一般能促进营养生长；反之，若缩剪后留斜生枝或下垂枝，而且伤口又较大，可能抑制树木的生长。前者多用于树木的更新复壮，即在回缩处留有生长势好的、位置适当的枝条；后者多在控制树冠或者辅养枝方面使用。此外，毛白杨在回缩大枝时需注意皮脊，皮脊即是主枝基部稍微鼓起、颜色较深的环（或半环状）。皮脊起保护作用，也就是往木材里延伸形成一个膜，将枝与干分开，称之为保护颈。在剪除大枝时，要求剪口或锯口留在皮脊的外侧，留下保护颈，目的是预防微生物等侵入主干，防止木材的朽烂。

（3）疏枝

疏枝指的是将枝条从基部剪去的修剪方法，又称疏剪或疏删。把新梢、一年生枝、多年生枝从基部去掉均称为疏枝。疏枝主要用于除去树冠内过密的枝条，减少树冠内枝条的数量，使枝条均匀分布，以此使树冠产生良好的通风透光条件，减少病虫害，增加同化作用产物，使枝叶生长健壮，对花芽分化和开花结果有利。疏枝会削弱树木的总生长量，同时在局部的促进作用上不如短截明显。但是，如果只是去除树干的衰弱枝，还是能起到促使整株树木的长势加强的作用。疏枝的对象主要有病虫枝、伤残枝、干枯枝、内膛过密枝、衰老下垂枝、重叠枝、并生枝、交叉枝与干扰树形的竞争枝、徒长枝、根莫枝等。

根据疏枝的强度可将其分为轻疏（疏枝量占全树枝条的 10% 或以下）、中疏（疏枝量占全树的 10%~20%）和重疏（疏枝量占全树的 20% 以上）。树木的疏枝强度取决于树木的种类、生长势和年龄。通常对于萌芽力和成枝力都很强的树种，疏剪的强度可大些；对于萌芽力及成枝力较弱的树种，如雪松、凤凰木、白干层等，则要尽量少疏枝。对生长旺盛的幼树，为了促进树体迅速长大成形，通常进行轻疏枝或不疏枝；成年树的生长与开花进入旺盛期，为了调节树木营养生长与生殖生长的平衡，通常要对其进行适当中疏；衰老期的树木，由于树冠内枝条较少，疏枝时要特别注意，只能疏去少量应疏除的枝条。对于花灌木类，宜轻疏枝以达到提早形成花芽开花的目的。

（4）缓放

缓放指的是对园林树木的枝条不做处理，任其自然生长的一种修剪方法，即对一年生枝条不进行短截，任其自然生长。应注意的是，缓放不是在修剪的过程中遗忘了对某些枝条进行处理，而是针对枝条的生长发育情况，对其不做修剪而达到任其自然生长的目的。通常在树木的修剪过程中，对于同一株树木的枝条，不一定要全部进行修剪，通常只对其中的一部分枝条进行修剪，而对另外一部分枝条则进行缓放的处理方法。一般情况下，针对单个枝条生长势逐年减弱的现象，对部分长势中等的枝条长放不剪，树干的下部容易萌发产生中、短枝。这些枝条停止生长早，同化面积大，光合产物多，有利于花芽形成。所以，常对幼树、旺树进行长放进而缓和树势，促进提早开花、结果。长放的方法对于长势中庸的树木、平生枝、斜生枝的应用等效果更好。但是，对幼树骨干枝的延长枝或背生枝、徒长枝，则无法采用长放的修剪方法。对于弱树也不宜多用长放的方法。

（5）截干

截干指的是将树木的主干截断的一种修剪方法，即将树木的树冠去掉，只留下一定高度的树干。这种方式是一种较重的修剪方法。截干的方法一般在树木移栽时使用，起苗后或起苗时将树木的树干在一定高度剪断乃至锯断，将树木的树冠去掉，以求提高树木移栽成活率，并让树木在移栽后长成新的树冠。另外，截干的方法也可用于未进行移植的树木，即将树木的主干从某个高度截断，去掉树木原有的树冠，刺激主干上的潜伏芽萌发长出新的树冠。不过，截干的方法对于没有潜伏芽或潜伏芽寿命较短和萌芽力、成枝力较弱的树种都不合适。对树木截干取决于树木的生长习性和园林树木的具体要求，选择适宜的时间来进行，且不可盲目操作，防止对树木生长造成严重影响甚至导致树木死亡。

（6）平茬

平茬指的是把树木的地上部分在近地面处截去，只保留几厘米到十几厘米长的一段树干的修剪方法。平茬的方法一般用于灌木。有时平茬也可用于乔木幼树的主干培育，将主干生长弯曲的乔木进行平茬，能够刺激树木的潜伏芽萌发长出较为强壮的笔直的主干。平茬的方法也能在树木移植时使用。对于在冬天地上部分容易受到冻害的灌木进行平茬时，需将留下的部分埋入土中防寒防冻，以使其在第二年萌发产生新的树冠。而对于当年形成花芽当年开花的灌木，要刺激萌发较为强壮的枝条，产生新的强壮的树冠，并创造良好的观花效果，一股采用平茬的方法进行修剪。在移栽树体较小的灌木时，也可将树木的地上部分进行平茬，达到其在移栽后长出新的树冠的目的。以上各种修剪方法应结合树木的生长特性及其生长发育的具体情况确定，应当灵活选择，综合运用。在对树木采取合理修剪措施的同时，也应对土、肥、水等方面进行综合管理，方可使园林树木产生较好的景观效果。

（7）开张枝梢角度

幼年果树的枝条，往往较直立，生长势强旺，不易早结果。幼年树枝条开张角度很重要。成年的大树，有时需保持树性改造一些不适宜的枝，如徒长枝，也要用开张角度的修剪方法。这类方法很多，这里介绍一般会用到的几种方法。

1）拉枝。用绳子将枝角拉大，绳子一端固定到地上或树上；或用木棍把枝角支开：或用重物使枝下坠。拉枝的时期以春季树液流动以后为好，拉一两年生枝，这时枝较柔软，开张角度易到位同时不伤枝。夏季修剪中，拉枝是一项不可少的修剪工作。

2）拿枝。对1年生枝用手从基部起逐步向下弯曲，要尽量伤及木质部又不折断，做到枝条自然呈水平状态或先端略向下。拿枝的时间一般以春夏之交、枝梢半木质化时最好，容易操作，开张角度、前弱旺枝生长的效果最佳，还能在促进花芽分化和较快地形成结果枝组产生积极作用。树冠内的直立枝、旺长枝、斜生枝，可以用拿枝的方法改造成有用的枝。幼年树的一部分枝用拿枝的方法可以提早结果，还避免了过多的疏剪或短藏，做得好则省工省力。冬剪时对一年生枝也可以拿枝，不过要特别细心操作，弄不好则是枝条折断。拿枝不能太多，需要做出详尽的计划。

3）留外芽剪、留"小辫"剪。枝条短截时，剪口下芽面向外的，萌发的新梢向外生长，角度较大；留"小辫"剪，也就是剪留向外长的副梢向外开角，这个副梢短截到饱满芽处。这两种开角的修剪方法，后者效果更突出，但出的新梢生长势较弱。

2.夏季修剪的方法

（1）摘心

摘心也叫卡尖或捏尖，是指将新梢顶端摘除的技术措施。摘心一般用于花木的整剪，还常用于草本花卉上。例如园林绿化中较常应用的草本花卉，大丽花进行摘心可以培育成多本大丽花；大丽菊要想达到一株可着花数百朵乃至上千朵，必须经过无数次的摘心才能实现；在一串红小苗出现3~4对真叶时进行摘心，可以促其生出4个以上的侧枝，从而让一串红植株饱满匀称，如此才能更好地布置花坛和花径。

（2）剪梢

剪梢指的是在树木的生长季节将新梢的前端剪去一截的修剪方法。剪梢的作用与摘心类似，也是应控制新梢的长度，去掉新梢的顶端优势，促使剪口下的侧芽萌发产生新梢的二次枝。剪梢还能抑制新梢的生长、促进花芽分化。不过，剪梢的方法对树木生长的影响一般比摘心对树木的生长造成的影响大。这是由于运用剪梢的方法剪去的新梢枝叶要比摘心去掉的枝叶更多，这样就减少了树木光合作用制造的营养，从而对树木的生长产生比较严重的影响。所以若要控制新梢的生长，应优先使用摘心的方法，而在没有及时对新梢进行摘心的情况下，才能用剪梢的方法进行补救。对于绿篱，在生长季节进行剪梢，可使其枝叶密生，提高绿篱的观赏效果及其防护功能。

（3）抹芽

抹芽指的是把已经萌发的叶芽及时除去，以防止其继续生长成为新梢的修剪方法。对于园林树木的主干、主枝基部或锯断大枝的伤口周围通常会有潜伏芽萌发而抽生新梢，从而扰乱树形，影响树木主体的生长。抹芽则能够减少树体上生长点的数量，降低新梢前期生长对树体贮存养分的消耗，并改善树木的光照条件。更重要的是，通过抹芽来控制新梢发生的部位，能够避免在不当的部位长出新梢扰乱树形，有利于在幼树期培养良好的树形。而嫁接后对砧木采取抹芽的措施有利于接穗的生长。在树木的生长期进行抹芽还能减少树木冬季修剪的工作量，也可避免树木在冬季修剪后伤口过多。树木抹芽工作一般选择于早春树木萌芽后进行，通常越早越好。

（4）去蘖

去蘖也叫除萌，指的是嫁接繁殖或易生根蘖的树木。观花植物中，桂花、月季和榆叶梅在栽培养护过程中需要频繁除萌，目的是防止萌蘖长大后扰乱树形，并防止养分无效地消耗；蜡梅的根盘一般会萌发很多萌蘖条，除萌时应根据树形来决定适当的保留部分，再及早地去掉其他的，进而保证养分、水分的集中供用。而对牡丹、芍药，由于牡丹植株基部的萌芽很多，所以除了有用的以外，其余的均应去除，而芍药花蕾比较多，可以将过多的、过小的花蕾疏除，确保花朵大小一致。

（5）摘蕾、摘果

有关摘蕾、摘果，如果是腋花芽，是疏剪的范畴；若是顶花芽，则是截的范畴。

摘蕾在园林中得到广泛应用，如对聚花月季往往要摘除主蕾或过密的小蕾，目的是使花期集中，能够开出多而整齐的花朵，突出观赏效果；杂种香水月季由于是单枝开花，因此常将侧蕾摘除，目的是让主蕾得到充足的营养，以便开出美丽而肥硕的花朵；牡丹则通常在花前摘除侧蕾，让营养集中于顶花蕾，不仅花开得大，而且色艳。此外，月季每次花后都要剪除残花，由于花是种子植物的生殖器官，如果留下残花令其结实，则植株会为了完成它最后的发育阶段，将全部的生命活力都集中在养育种实上，而这个全过程一旦完成，月季的生长和发育都会缓慢下来，开花的能力也会衰退，甚至停止开花。摘果也经常应用于园林中，如丁香花若是作为观花植物应用时，在开花后应进行摘果，若是不进行摘果，因为其很强的结实能力，在果实成熟后，会有褐色的菊果挂满树枝，非常不美观。又如紫薇，紫薇又称百日红，紫薇花谢后如果不及时摘除幼果，它的花期就无法达到百日之久，而是只有 25 天左右。对于果树而言，摘花摘果也叫作疏花蔬果，目的是提高品质，避免大小年现象，以此保证高产、稳产。

（6）摘叶

摘叶指的是带叶柄将叶片剪除。通过摘叶可以改善树冠内的通风透光条件，比如观果的树木果实在充分见光后着色好，增加了果实美观程度，同时提高了其观赏效果。摘叶还对防止病虫害的发生有利，例如对枝叶过密的树冠进行摘叶。摘叶同时还具有催花的作用，比如广州在春节期间的花市上会有几十万株桃花上市，但在此时期，并不是桃花正常的花期，原来，花农在了解春节时间早晚的基础上，在前一年的 10 月中旬或下旬就对桃花采取了摘叶的工作，才使桃花在春节期间开放。还有在国庆节开花时候的北京连翘、丁香、榆叶梅等春季开花的花本，就是通过摘叶法进行了催花。

（7）疏花

疏花指的是将树木的部分花朵去掉的修剪方法，又叫摘花或剪花。疏花的对象，一是摘除残花，比如杜鹃的残花久存不落，影响美观及嫩芽的生长，应摘除；二是不需要结果时应剪去凋谢的花，以免其结果而消耗树木的营养；三是摘除残缺不全、发育不良或有病虫害而影响美观的花朵。对于当年形成花芽当年开花的花灌木，可在花后对着生残花的枝条进行剪梢，连同残花一起剪去，进而刺激发出新的枝条再次开花。

（8）疏果

疏果指的是将园林树木的果实摘去部分的修剪方法。疏果的对象一般是树上生长不良的小果、病虫果或过多的果实。对于观果树木，摘去树木的部分果实能让剩下的果实得到更为充足的营养供应。生长发育良好，一般果实的个头更大，颜色更加鲜艳，有良好的观赏效果。同时，摘除部分果实也使树木的树体生长得到更多的营养供应，从而调节树木生殖生长与营养生长之间的平衡。而对于生产果实的树木来说，去除树木的部分果实对于提高果实品质和生产效益来说十分重要。

（9）环剥

环剥又称为环状剥皮，是指在枝干或枝条基部的适当位置将枝干的皮层与韧皮部剥去一圈的措施。用此法后，在一段时期内阻止枝梢碳水化合物向下输送，有利于环状剥皮上方枝条营养物质的积累和花芽分化。常用于发育盛期开花结果量小的枝条。

六、整形修剪的技术

1. 剪口及剪口芽的处理

剪去或剪断树木的枝条后在树体上留下的伤口称为剪口。剪口的形状可以是平剪口或斜切口，通常的剪口都是平口。在剪断的枝条上剪口以下的第一个芽叫作剪口芽。修剪时通常在剪口芽上方 0.5~1cm 处对枝条进行短截，对剪口的要求是平滑整齐。剪口芽萌发后形成新梢的生长方向及强壮程度受剪口芽着生的位置与剪口芽的饱满程度的影响很大。如果要使修剪后萌发的新梢填补树冠内膛，则应选择枝条的内芽作为剪口芽；相反，如果为了扩张树冠而进行短截，那么需选择枝条上的外芽作为剪口芽。如果要改变枝条延伸的方向，所留剪口芽应朝向将来枝条延伸的方向。如果为了让剪口下萌发出较弱的枝条，应选留枝条上生长较弱的叶芽做剪口芽；反之，需选择生长健壮的饱满芽做剪口芽。

2. 大枝的修剪方法

在对树体内较大的枯死枝、衰老枝、病虫枝等进行整体剪除时，为了尽量缩小伤口，要从枝条分枝点的上部斜向下锯，保留分枝点下部凸起的部分，留桩高度以 1~2cm 为宜，这样能起到减小伤口面积，使伤口易愈合的作用。若留桩过长，将来会形成残桩枯朽，伤口愈合一般较为困难。回缩多年生大枝时，通常会萌生徒长枝。为了防止徒长枝大量抽生，可先在回缩前几年对其进行疏枝和重短截，削弱枝条的长势然后接着进行回缩。在疏除多年生大枝时，为避免撕裂树皮和造成其他损伤，通常采用两锯或三锯法。对于直径在 10cm 以下的大枝，疏除时采用两锯法，第一锯从下向上锯，深达枝条直径的 1/3 为止，第二锯是从上向下截掉枝条。对于直径在 10cm 以上的大枝，疏除时采用三锯法，就是先在待锯枝条上距锯口约 25cm 处，从下向上锯一切口，至深达枝条直径的 1/3 或开始夹锯为止，接着在第一切口前方约 5cm 处，从上向下锯断枝条，最后在位于留下枝桩上方的分枝处位置向下截断残桩。

3. 伤口的保护

一般来说，树木修剪后留下的伤口即使不采取其他的保护措施也能自行愈合。对于通常的修剪创伤，要求创面要平滑。剪枝或截干后如果在树体上留下较大的伤口，则首先应用锋利的刀削平伤口，再用硫酸铜溶液消毒，再涂保护剂，以防止伤口由于日晒雨淋、病菌入侵进而导致腐烂。

七、整形修剪的工作要点

1.园林树木修剪前的准备工作

在对园林树木修剪以前应做好准备工作。首先，应调查所要修剪树木的基本情况，然后，在调查研究的基础上制订修剪计划，比如确定修剪树木的范围、要使用的修剪方法、修剪的时间安排、修剪所需工具以及材料设备的购置和维修保养、修剪的工作人员组成及人员培训、修剪所需费用的预算、制订修剪的安全操作规程、明确修剪废物的处理办法等。

2.园林树木修剪的程序

园林树木修剪的程序总体来说就是"一知、二看、三剪、四检查、五处理"。

（1）"一知"就是修剪人员必须熟练掌握操作规程、修剪技术要点及所修剪树木的生长习性。修剪人员只有全面明白和掌握关于修剪的操作要求、知识和技能，才能避免修剪错误和安全事故。所以，对于临时性的修剪人员，一定要先对其进行培训，经考核合格后方可上岗。

（2）"二看"就是实施修剪前应对所剪树木进行仔细观察，根据树木的生长习性及生长状况及园林的要求制订合理的修剪方案，争取做到因树修剪、合理修剪。观察的具体目的在于了解植株的生长习性、枝芽的发育特点、植株的生长情况、冠形特点及周围环境与园林功能。这样方可结合实际制订修剪方案。

（3）"三剪"就是严格按照制订好的修剪方案对树木进行修剪。修剪树木时切忌没有头绪，或者不存在适宜的修剪方案，这样不知从何处下手，或随意修剪一通，最后的修剪效果很差。所以，要制订修剪方案并严格按方案进行修剪。例如修剪观赏花木时，首先要观察分析树势是否平衡，如果不平衡，则应分析造成的原因。如果是因为枝条多，特别是大枝多造成生长势强，则应该进行疏枝。对于疏枝前先要决定选留的大枝数目及其在骨干枝上的位置，将无用的大枝先剪掉，等到大枝条整好以后再修剪小枝。在修剪小枝时应从各主枝或各侧枝的前端做起，向下依次进行。而对于整株树木来说，则应遵循先剪下部，后剪上部；先剪内膛枝，后剪外围枝的修剪的先后次序。在几个人共同修剪一棵树时，更应预先研究好修剪方案，并确定每个人的分工，最后再分头进行修剪。

（4）"四检查"就是在树木修剪的过程中和修剪完以后，要及时检查对树木的修剪是否合适，是否存在漏剪与剪错的地方，以便及时对树木进行修正或重新进行修剪。如果参加修剪的人比较多的话，则应派修剪技术水平较高的人员作为检查人员，在修剪的过程中，还要随时随地进行检查指导，最后对修剪的结果进行检查验收。

（5）"五处理"就是在修剪完以后对树体上留下的伤口进行处理。一般将修剪下的枝叶、花果进行集中处理。修剪下的枝条要及时收集，好的枝条有的可做插穗、接穗备用，而病虫枝则应集中烧毁。最后还应清理树木修剪的场地。

3.园林树木修剪工作注意事项

（1）在修剪前要做好技术培训和安全教育工作，以确保修剪工作顺利、安全地进行。

（2）在修剪的过程中应全程进行技术和安全的监督与管理。如在上树修剪时，所有用具、机械必须灵活、牢固，以防发生事故。修剪行道树时应对高压线路特别注意，并避免锯落的大枝砸到行人与车辆。此外，修剪工具应锋利，以防修剪过程中造成树皮撕裂、折枝、断枝。修剪病枝的工具，还需用硫酸铜消毒后再修剪其他枝条，以防交叉感染。

（3）修剪结束后对修剪过的树木应全面详细的检查验收。检查验收要求对修剪工作中存在的问题及时进行纠正，对整个修剪工作要做全面总结，总结经验教训。还要对每个员工的工作都做出客观合理的评价，以此作为发放工作酬金的依据。同时，详细的工作总结也为以后的工作提供参考，逐步提高本单位或部门的园林树木修剪水平与技术。

第五节　园林树木病虫害防治

多样的自然界生物物种和复杂的生物链，以及近年来环境的污染和其他各种因素，使生长在自然环境中的植物不可避免地遭受到各种致病微生物和害虫的危害。所以，病虫害的防治是景观植物栽培养护的重要内容之一。

对于景观植物病虫害的防治，一定要贯彻"预防为主，综合治理"的原则，掌握有害生物出现的时间和范围，了解病虫害产生的原因、与环境的关系，采取切实可行的防治措施。调查表明，我国总计有园林病害 5508 种、园林植物害虫 3997 种，其他有害生物 162 种。其中有近 400 种病害虫发生普遍而严重。

一、病害的病原与症状

1.病原

导致园林树木产生病害的直接原因称为病原。病原有两大类：生物性病原和非生物性病原。

（1）生物性病原主要有真菌、细菌、病毒、线虫、支原体、藻类、螨类和寄生性种子植物等。由生物性病原引起的树木病害都具有传染性，称为侵染性病害或传染性病害。

（2）非生物性病原主要指不利于树木生长的环境因素，主要包括营养失调、温度不适、水分失调、光照不适、通风不良和环境中的有毒物质等。由非生物性病原引起的病害称为生理性病害或非侵染性病害。当植物生长的环境条件得到改善或恢复正常时，此类病害的症状就会减轻，并有逐步恢复常态的可能。

2. 症状

植物在受生物或非生物病原侵染后，其外表所显现出来的不正常状态叫作症状。症状是病状及病症的总称。寄主植物感病后植物本身所表现出来的异常变化，称为病状。病状一般是受病植株生理解剖上的病变反映到外部形态上的结果。植物病害都有病状，如花叶、斑点、腐烂等。病症是病原物侵染寄主后，在寄主感染病疾位置产生的各种结构特征。病症是寄主病部表面病原物的各种形态结构，能通过眼睛直接观察。由真菌、细菌和寄生性种子植物等因素引起的病害，病部多表现较显著的病症，如锈状物、煤污等病症。有些植物病害，如白粉病，病症部分特别突出，而寄主本身无显著变化；而有些病害，如非侵染性病害和病毒病害等，并不表现病症。一般而言，一种病害的症状存在其固定的特点，有一定的典型性，不过不同的植株或器官上，会有特殊性。

根据其主要特征，可把症状划分为以下几种类型：

（1）病状类型

1）变色。植物感病后，叶绿素的形成受抑或被破坏数量降低，其他色素过多而使叶片表现出了不正常的颜色，主要有三种类型：褐绿、黄化和花叶。病毒、支原体和营养元素缺乏等原因均可引起此症状。

2）坏死。植物受病原物危害后出现细胞或组织消解或死亡的现象叫作坏死。此症状在植物各个部分均可发生，但受害部位不同，症状表现有差异。在植物的根及幼嫩多汁的组织表现出的腐烂，在树干皮层表现为溃疡，在叶部主要表现为形状、颜色、大小不同的斑点，像山茶花腐病、杨树溃疡病、水仙大褐斑病等。

3）萎蔫。萎蔫指的是植物因病面表现失水状态。典型的枯萎或萎蔫指植物根部或干部维管束组织感病后表现为失水状态或枝叶萎蔫下垂现象。其主要原因在于植物的水分疏导系统受阻。根部或主茎的维管束组织被破坏则表现出全株性萎蔫，侧枝受害则表现为局部萎蔫，如菊花青枯病、石竹枯萎病等。

4）畸形。因细胞或组织过度生长或发育不足引起的形态异常称为畸形。常见的有植物的根、干或枝条局部细胞增生发生瘿瘤，如月季根癌病；植物的主枝或侧枝顶芽生长受抑制，腋芽或不定芽大量出现丛枝，如泡桐丛枝病；感病植物器官失去原来的形状，如桃缩叶病；植物流脂及流胶，如桃流胶病。

（2）病症类型

1）粉霉状物。此类病症是植物感病部位病原真菌的营养体和繁殖体呈现各种颜色的霉状物或粉状物。一般都是病原微生物表生的菌体或孢子。月季霜霉病、百合青霉病、仙客来灰霉病、牡丹煤污病、月季白粉病等都属于此类。

2）锈状物。这种病症是病原真菌在病部所表现的黄褐色锈状物。香石竹锈病、桧柏锈病等属于这种病症。

3）线状物、颗粒状物。这种病症是病原真菌在病部产生的线状或颗粒状结构。苹果紫纹羽病即在根部形成紫色的线状物等即属于此类。

4）马蹄状物及伞状物。这种病症是植物感病部位真菌产生肉质、革质等颜色各异、体型较大的伞状物或马蹄状物。郁金香白绢病属于此类。

5）脓状物。这种病症为病部出现脓状黏液，其干燥后成为胶质的颗粒。这是细菌性病害，如菊花青枯病等独具的病症。

二、病虫害的综合防治

1. 植物检疫

植物检疫法又称法规防治，即一个国家或地区用法律形式或法令形式，禁止某些危险的病虫、杂草人为地传入或传出，或对已发生的危险性病虫、杂草，采取有效措施消灭或控制蔓延，如就地销毁、消毒处理、禁止调用或限制使用地点等。我国除制定了国内植物检疫法规外，还与有关国家签订了国际植物检疫协定，它对保证园林生产安全具有重要意义。

2. 栽培防治法

栽培防治法就是通过改进栽培技术措施，使环境不利于病虫害的发生，而利于植物的生长发育，直接或间接地消灭或抑制病虫害发生和危害。这种方法不需要额外投资，而且又有预防作用，可长期控制病虫害，因而是最基本的防治方法。一般通过选育抗性品种的树苗、培育健苗、适地适树、合理进行植物配置、周地轮作、施肥灌水等措施，使树木健壮生长，增强其抗病虫能力。

3. 物理防治法

利用各种物理因子（声、光、电、色、热、湿等）及机械设备来防治植物病虫害的方法，称为物理机械防治。这类方法既包括古老的人工捕杀，又包括一些高新技术的应用。物理机械防治方法简单易行，很适合小面积场圃和庭院树木的病虫害防治。缺点是费工费时，有很大的局限性。具体的措施主要有土壤热处理、繁殖材料热处理、繁殖材料冷处理、机械阻隔和射线处理。

4. 生物防治法

生物防治的传统概念是利用有益生物来防治虫害或病害。近年来由于科学技术的发展和学科间的交叉、渗透，其领域不断扩大。当今广义的生物防治是指利用生物及其代谢产物来控制病虫害的一种防治措施。生物防治法是发挥自然控制因素作用的重要组成部分，是一项很有发展前途的防治措施，生物防治对人、畜、植物安全，对环境没有或极少污染，害虫不产生抗性，有时对某些害虫可以达到长期抑制作用，而且天敌资源丰富，使用成本较低，便于利用。但生物防治的缺点也是显而易见的，如作用比较缓慢，不如化学防治见效迅速；多数天敌对害虫的寄生或捕食有选择性，范围较窄；天敌对多种害虫同时发生时难以奏效，天敌的规模化人工饲养技术难度较大，能够用于大量释放的天敌昆虫种类不多，而且防治效果常受气候条件影响。因此必须与其他防治方法相结合，才能充分发挥应有的作用。生物防治的内容主要包括以虫治虫，以苗治虫，以病毒治虫，以鸟治虫，蛛螨类治虫，激素治虫，昆虫不育性的利用，以菌治病等。

5. 化学防治法

化学防治是指用农药防治害虫、病菌、线虫、螨类、杂草及其他有害动物的一种方法。化学防治具有防治效果好、收效快、受季节性限制较小、适宜于大面积灾区使用等优点。其缺点是使用不当会引起人畜中毒、污染环境、杀伤天敌、造成药害。长期使用农药，可使某些病虫产生不同程度的抗性等。当前，各国均在寻求发展高效、安全、经济的农药品种。化学防治在解决病虫害及杂草问题上，今后相当长时期内仍占重要位置。只要使用得当，与其他防治方法互相配合，扬长避短，农药使用上的缺点在一定程度上是可以逐步解决的。

在化学防治中，使用的化学药剂种类很多，因其对防治对象的作用一般可分为杀虫剂和杀菌剂两大类。

（1）通常将用于防治病害的化学农药称为杀菌剂。杀菌剂通常分为保护剂和内吸剂两种。

保护性杀菌剂只对树木起保护作用，没有治疗效果；内吸性杀菌剂则可把侵入的病菌杀死，起到治疗的作用，不过保护作用不明显。保护性杀菌剂是防治病害侵入的，喷施后在树体表面形成一层保护膜，进而防止病菌和叶片接触，但若病菌已经侵入，正处于潜育阶段，保护剂就不起作用。因此，保护性杀菌剂要在病害发生前或发生初期使用，以保证良好的保护效果。内吸性杀菌剂可杀灭已侵入的病害，一般在病害发生初期使用，可起到良好的杀菌作用。不过当病害发生严重时，使用内吸剂，即使多次用药，效果也不会太好，反而对树体生长、发育产生一定的影响。所以控制病害，一定要在病害发生前或发生初期使用。

一般的杀菌剂包括波尔多液、石硫合剂、多菌灵、甲基托布津、百菌清等。杀菌剂的使用方法主要有种苗消毒、土壤消毒、喷雾、淋灌或注射和烟雾法等。

（2）能防治植物害虫的化学农药称为杀虫剂。有些杀虫剂品种同时具有杀螨和杀线虫的作用。杀虫剂是使用很早、品种最多、用量最大的一类农药，其种类划分也十分复杂，一般有以下几种划分方法：

1）按成分与来源划分。

2）按作用及效应划分。

3）按剂型划分

杀虫剂的使用方法有喷粉、喷雾、熏烟等。在病虫害防治过程中，通常将杀菌剂和杀虫剂混合在一起使用，以达到综合防治、省工省时的目的。如内吸性杀菌剂长期使用，病菌容易产生耐药性，所以应与代森锰锌、无机硫等配合使用，以延缓病菌对内吸剂型的耐药性发展。杀菌剂与杀虫剂或杀螨剂或其他杀菌剂混合使用时，还应考虑这几种药剂的理化性能，看是否会发生化学反应，以免影响药效。比如代森锰锌不能与铜制剂、汞制剂、强碱性农药混合，石硫合剂应避免与波尔多液等铜制剂、机械油乳剂及在碱性条件下易分解的农药混合。假如生产中要求这样使用，用药时应注意两种农药之间的安全间隔期，一般为 7~10 天。

药剂的使用浓度要以最低的有效浓度获得最好的防治效果为原则，不要盲目增加浓度以免对植物产生药害。同时，因为化学农药在环境中释放存在 3R 问题，即农药残留（resi-due）、有害生物再猖獗（resurgence）及有害生物抗药性（resistance），因此在生产实践中一定要合理、安全、科学地使用化学农药，并和其他防治措施相互配合，才能起到理想的防治作用。

6. 采取技术措施防治病虫害

植物病虫害的发生为园林植物、病虫害和环境三者相互作用的结果。因此，通过采取一定的技术措施也能起到防治病虫害的作用。一般植物栽培技术措施主要通过改进其栽培技术，使环境条件在有利于植物生长发育的同时不利于病虫害，从而直接或间接地控制病虫害的发生和危害。这是景观植物病虫害防治中最重要的方法。具体的技术措施主要有培育无病虫的健康种苗、适地适树、合理进行植物配置、圈地轮作等，同时也需注意圈地卫生、加强水肥管理、改善植物生长的环境条件。通过这些措施，植物能够健壮地生长，由此增强了其抗病虫能力。

7. 抗性育种措施

选育抗病虫品种预防植物病虫害是一种经济有效的措施，尤其是对那些没有有效防治措施的毁灭性病虫害，是一种可行的方法。同时抗性育种措施与环境及其他一些植物保护措施有良好的相容性。抗病虫育种的方法主要有传统的方法、诱变技术、组织培养技术和分子生物学技术等。传统的方法包括利用引种、系统选育或利用具有抗病虫性状的优良品种资源的杂交和回交选育新的抗性品种。诱变技术通常在 X 射线、

Y 射线及激素作用下，诱导植物产生变异，再从变异个体中筛选抗病虫个体，这种方法由于随机性很大、无定向性、不易操作，应用不普遍。抗病虫品种的培育成功通常需要比较长的时间，时效性弱，见效慢。一个抗病虫品种，无论新品种还是原有的抗性品种，其抗性在栽培过程中都有可能因为环境的变化或病虫害产生变异而丧失或减弱。

三、常见树木病害种类及其防治

在进行园林树木病害诊断时，一定要根据园林树木的生长环境（土壤、水肥、气候条件等）、栽培措施等因素做出科学分析，逐步诊断出病原，然后才能提出相应的防治措施。对于非侵染性病害，普遍的表现是黄化、枯萎、畸形、落花、枯死等，但没有病症表现，应该重点改善树木生长环境的栽培措施，这里不做过多说明。而对于侵染性病害，一般具有明显的病症，根据发生部位的不同，园林树木常见的病害种类分为叶部病害、枝干病害和根部病害三大类，以下做详细说明。

1. 叶部病害

（1）白粉病

1）病症表现。白粉病是园林树木上发生既普遍又严重的重要病害，种类较多，寄主转化型很强，这种病害的病状最初常常不太明显，一般病症常先于病状。病症初为白粉状，最明显的特征是由表生的菌丝体和粉孢子形成白色粉末状物。秋季时白粉层上出现许多由白而黄、最后变为黑色的小颗粒，少数白粉病晚夏即可形成这种小颗粒。除了针叶树外，许多观赏植物都有白粉病。据全国园林树木病害普查资料汇编报道，在观赏树木病害中，白粉病占总数的 10% 左右。

白粉病症状中主要的病症很明显，一般的病状不明显，但危害幼嫩部位时也会使被害部位产生明显的变化。不同的白粉病症虽然总体上相同，但也有某些差异。如黄栌白粉病的白粉层主要在叶正面，臭椿白粉病在叶背面。一般发生在叶正面的白粉层中的小黑点小而不太明显，发生在叶背面白粉层中的小黑点大而明显。

2）防治方法。

①化学防治常用的有 25% 粉锈宁可湿性粉剂 1500~2000 倍液，残效期长达 1.5~2 个月；50% 苯来特可湿性粉剂 1500~2000 倍液；碳酸氢钠 250 倍液。

②夜间喷硫黄粉也有一定的效果，将硫黄粉涂在取暖设备上任其挥发，能有效地防治月季白粉病。

③生物农药 B0-10（150~200 倍液），抗霉菌素 120 对白粉病也有良好的效果。

④休眠期喷洒 0.3° Be~0.5° Be 的石硫合剂（包括地面落叶和地上树体），消灭越冬病原物。

⑤叶片上出现病斑时喷药，每年喷 1 次基本上能控制住白粉病的发生。

⑥除喷药外，清除初侵染源非常重要，如将病落叶集中烧毁；选育和利用抗病品种也是防治白粉病的重要措施之一。

（2）锈病

1）病症表现。锈病也是园林树木中的常发性病害。据全国园林树木病害普查资料统计，花木上有 80 余种锈病。植物锈病的病症一般先于病状出现。病状通常不太明显，黄粉状锈斑是该病的典型病症。叶片上的锈斑较小，近圆形，有时呈泡状斑。在症状上只产生褪绿、淡黄色或褐色斑点。在病斑上，常常产生明显的病症。当其他幼嫩组织被侵染时，病部常肥肿。有些锈菌不仅危害叶部，还能危害果实、叶柄或嫩梢，甚至枝干。叶部锈病虽然不能使寄主植物致死，但常造成早落叶、果实畸形，削弱生长势，降低产量及观赏性。

2）防治方法。

①减少侵染来源：休眠期清除枯枝落叶，喷洒 0.3°Be 的石硫合剂，杀死芽内及病部的越冬菌丝体；生长季节及时摘除病芽或病叶，然后集中烧毁或深埋处理。

②改善环境条件：增施磷、钾、铁肥、氮肥要适时；在酸性土壤中施入石灰等能提高植物的抗病性。

③生长季节喷洒 25% 粉锈宁可湿性粉剂 1500 倍液；或喷洒敌锈钠 250~300 倍液，10~15 天喷一次；或喷 0.2°Be~0.3°Be 的石硫合剂也有很好的防治效果。

（3）炭疽病

1）病症表现。炭疽病是园林树木上常见的一大类病害。炭疽病虽然发生于许多树种，危害多个部位，它们的症状也有某些差异，但也有共同的特征。在发病部位形成各种形状、大小、颜色的坏死斑，比较典型的症状是常在叶片上产生明显的轮纹斑，后期在病斑处形成的粉状物往往呈轮状排列，在潮湿条件下病斑上有粉红色的黏粉物出现。在枝梢上形成梭形或不规则形的溃疡斑，扩展后造成枝枯。在发病后期，一般都会产生黑色小点，在高湿条件下多数产生焦枯状的带红色的粉状物堆，这是诊断炭疽病的标志。炭疽病主要危害叶片，降低观赏性，也有的对嫩枝危害严重，如山茶炭疽病。

2）防治方法。

①加强经营管理措施，促使树木生长健壮，增强抗病性。

②及时清除树冠下的病落叶及病枝和其他感病材料，并集中销毁，以减少侵染来源。

③利用和选育抗病树种和品种，是防治炭疽病中应注意的方面。

④化学防治。侵染初期可喷洒 70% 的代森锰锌，500~600 倍液，或 1∶0.51 100 的波尔多液（1 份硫酸铜、0.5 份生石灰和 100 份水配制而成），或 70% 的甲基托布津可湿性粉剂 1000 倍液。喷药次数可根据病情发展情况而定。

（4）叶斑病

除白粉病、锈病、炭疽病等以外，叶片上所有的其他病害统称为叶斑病。

1）病症表现。在园林树木上常发生的叶斑病有黑斑病、褐斑病、角斑病及穿孔病。各种叶斑病的共同特性是局部侵染引起的，叶片局部组织坏死，产生各种颜色、各种形状的病斑，有的病斑可因组织脱落形成穿孔。病斑上常出现各种颜色的霉层或粉状物。叶斑病的主要病原物是半知菌。

2）防治方法。

①及时清除树冠下的病落叶、病枝和其他感病材料，并集中销毁，以减少侵染来源。

②化学防治：在早春植株萌动之前，喷洒 3°Be~5°Be 的石硫合剂等保护性杀菌剂或 50% 的多菌灵 600 倍液。

③展叶后可喷洒 1000 倍的多菌灵或 75% 的甲基托布津 1000 倍液。隔半个月喷一次，连续喷 2~3 次。

2. 枝干病害

枝干部病害种类不如叶部病害多，但危害较大，常常引起枝枯或全株枯死。幼苗、幼树及成年的枝条均可受害，主干发病时全株枯死。引起枝干部病害的生物性病原有真菌、细菌、支原体、寄生性种子植物和线虫等，非生物性病原主要有日灼及低温。

（1）溃疡病或腐烂病。溃疡病是指树木枝干局部性皮层坏死，坏死后期因组织失水而稍下陷，有时周围还产生一圈稍隆起的愈伤组织。除包括典型的溃疡病外，还包括腐烂病（烂皮病）、枝枯病、干癌病等所有引起树木枝干韧皮部坏死或腐烂的各种病害。

1）病症表现。

溃疡病的典型症状是发病初期枝干受害部位产生水渍状斑，有时为水泡状、圆形或椭圆形，大小不一，并逐渐扩展；后失水下陷，在病部产生一些粉状物。病部有时会出现纵裂，甚至皮层脱落。木质部表层褐色。后期病斑周围形成隆起的愈伤组织，阻止病斑的进一步扩展。有时溃疡病在植物生长旺盛时停止发展，病斑周围形成愈伤组织，但病原物仍在病部存活。次年病斑继续扩展，然后周围又形成新的愈伤组织，如此往复年年进行，病部形成明显的长椭圆形盘状同心环纹，且受害部位局部膨大，有的多年形成的大型溃疡斑可长达数十厘米或更长。抗性较弱的树木，病原菌生长速度比愈伤组织形成的速度快，病斑迅速扩展，或几个病斑汇合，形成较大面积的病斑，后期在上面长出颗粒状的病症，皮层腐烂，即为腐烂病或称烂皮病。当病斑环绕树干 1 周时，病部上面枝干枯死。

2）防治方法。

①通过综合治理措施改善树木生长的环境条件，提高树木的抗病能力。

②注意适地适树，选用抗病性强及抗逆性强的树种，培育无病壮苗。

③在起苗、假植、运输和定植的各环节，尽量避免苗木失水。在保水性差且干旱少雨的沙土地，可采取必要的保水措施，如施吸水剂、覆盖薄膜等。

④清除严重病株及病枝，保护嫁接及修枝伤口，在伤口处涂药保护，以避免病菌侵入。

⑤秋冬和早春用含硫黄粉的树干涂白剂涂白树干，防止病原菌浸染。

⑥用 50% 多菌灵 300 倍液加入适当的泥土混合后涂于病部，或用 50% 多菌灵、70% 甲基托布津、75% 百菌清 500~800 倍液喷洒病部，有较好的效果。

（2）枯萎病也称导管病或维管束病。树木枯萎病种类不多但危害极大。非侵染性病原或侵染性病原危害均能导致树木枯萎，如长期干旱、水浸、污染物的毒害，使植物根部皮层腐烂，导致根部的吸收作用被破坏，或者因其他一些原因造成输导系统堵塞，都可使树木枯萎。枯萎病能在短期内造成大面积的毁灭性灾害，榆树枯萎病、松材线虫病均属此类病害。

1）病症表现。感病植株叶片失去正常光泽，随后凋萎下垂，脱落或不脱落，终至全株枯萎而死。有的半边枯萎，在主干一侧出现黑色或褐色的长条斑。在患病植株枝干横断面上有深褐色的环纹，在纵剖面上有褐色的线条。急性萎蔫症型的病株会突然萎蔫，枝叶还是绿的，称为青枯病，这种症状多发生在苗木或幼树上。慢性萎蔫型的感病植株先表现某些生长不良现象，叶色无光泽，并逐渐变黄，病株常要经较长时间才最后枯死。

2）防治方法。

①首先严格检疫，严防带病及传播媒介昆虫的苗木、木材及其制品外流及传入。枯萎病发展快，防治困难，感病后的植株很难救治。

②减少初侵染来源，及时清除和销毁病株和病枝条。

③对土壤进行消毒。用福尔马林 50 倍液，每平方米 4~8kg 淋土，或用热力法进行土壤消毒。

④选用抗枯萎病的品种。

（3）松材线虫病

1）病症表现。

此病显著的特征是，被侵染的松树针叶失绿，并逐渐黄化萎蔫，然后枯死变为红褐色，最终全株迅速枯萎死亡，但针叶长时间内不脱落，有时直至翌年夏季才脱落。从针叶开始变色至全株死亡约 30 天。外部症状的表现，首先是树脂分泌减少至完全停止分泌，蒸腾作用下降，继而边材水分迅速降低。病树大多在 9 月至 10 月上、中旬死亡。约经 2 个月针叶开始失去原有光泽，松脂分泌开始减少；接着，针叶开始变色，松脂分泌停止；然后，大部分针叶变黄褐色，萎蔫；最后，全部针叶变为黄褐色至红褐色，萎蔫，全株枯死，枯死针叶当年不脱落。这一过程表现为急性型，一般在夏季感病的，经过夏秋高温季节，秋冬前都枯死。

另外，有些植株感病后，由于感病较迟或本身的抗性或气温较低，可能延迟到冬春以后逐渐枯死。此外，有些植株感病后先造成下部枝条枯死，向全株扩展比较缓慢，感病株一般在 1~2 年内不会枯死，表现为慢性型。松脂明显减少和完全停止分泌这一特点可作为本病早期诊断的依据。另外，如果松树原生长较好，突然急性萎蔫，又无其他外伤，也是诊断本病重要的倾向性依据。

2）防治方法。

①加强检疫制度，严禁疫区松苗、松木及其产品外运（包括原木、板材、包装箱等），并防止携带松墨天牛出境。

②尽量消灭该病的媒介体松墨天牛。

③及时伐除和处理被害木，并集中销毁。

④在生长季节的 5~6 月份是松墨天牛补充营养期，喷洒 50% 的杀螟松乳油 200 倍液。可在树干周围 90cm 处开沟施药或喷药保护树干；也可用飞机喷洒 3% 的杀螟松，每公顷约喷 60L，可以保持 1 个月左右的杀虫效果。

⑤选用和培育抗病树种。

3. 根部病害

（1）根癌病

1）病症表现。根癌病又名冠瘿病，主要发生在根茎处，有时也发生在主根、侧根和地上部的主干、枝条上。受害处形成大小不等、形状不同的瘤。初生的小瘤，呈灰白色或肉色，质地柔软，表面光滑，后渐变成褐色至深褐色，质地坚硬，表面粗糙并龟裂。

2）防治方法

①加强植物检疫，防止带病苗木出圈，发现病苗及时拔除并烧毁。

②对可疑的苗木在栽植前进行消毒，用 1% 硫酸铜浸泡 5min 后用水冲洗干净，然后栽植。

③精选圃地，避免连作。选择未感染根癌病的地区建立苗圃，如果苗圃被污染，需进行 3 年以上的轮作。

④对感病苗圃用硫黄粉、硫酸亚铁或漂白粉进行土壤消毒。

⑤对于初发病株，切除病瘤，用石灰乳或波尔多液涂抹伤口，或用甲冰碘液（甲醇 5 份、冰醋酸 25 份、碘片 12 份、水 13 份）进行处理，可使病瘤消除。

⑥选用健康的苗木进行嫁接，嫁接刀要在高锰酸钾溶液或 75% 的酒精中消毒。

⑦用生物制剂 K84 和 D286 的菌体混合悬液浸根，明显降低根癌病的发生率。

（2）根结线虫病

1）病症表现。在树木幼嫩的支根和侧根上、小苗的主根上产生大小不等的许多等圆形或不规则的瘤状虫瘿。初期表面光滑、淡黄色，后粗糙、颜色加深、肉质。切开可见瘤内有白色且稍微发亮的小型粒状物，镜检可观察到梨形的根结线虫。感病后植株根系吸收功能减弱，生长衰弱，叶小而发黄，易脱落或枯萎，有时会发生枝枯，严重的整株枯死。

2）防治方法。

①加强检疫，防止根结线虫病发生和蔓延。

②选择无病苗圃地育苗，在曾发病的圃地，选择非寄主植物进行轮作。

③育苗前用药剂进行土壤消毒处理，或用熏蒸剂处理以杀死土壤中的线虫。可用的土壤熏蒸剂有溴甲烷、棉隆等，但熏蒸剂对植物有害，土壤处理后15~25天再种植植物；或将药剂穴施或沟施于土壤中，或环施于植株周围，有良好的防治效果。

④用猪屎豆引诱根结线虫的侵染，侵染猪屎豆的很多线虫不能顺利发育产卵，可减少土壤中线虫的虫口密度，减轻危害。

（3）苗木猝倒病（幼苗猝倒和立枯病）

幼苗猝倒病和立枯病是园林树木常见病害之一。苗期都可发生猝倒病和立枯病。针叶树育苗每年都有不同程度的发病，重病地块发病率可达70%~90%。

1）病症表现。

常见的症状主要有3种类型：种子或尚未出土的幼芽被病菌侵染后，在土壤中腐烂，称腐烂型；出土幼苗尚未木质化前，在幼茎基部呈水渍状病斑，病部缢缩变褐腐烂，在子叶尚未凋萎之前，幼苗倒伏，称猝倒型；幼茎木质化后，造成根部或根茎部皮层腐烂，幼苗逐渐枯死，但不倒伏，称立枯型。

2）防治方法。

①猝倒和立枯病的防治，应采取以栽培技术为主的综合防治措施，培育壮苗，提高抗病性。

②不宜选用瓜菜地和土质黏重、排水不良的地作为圃地。精选种子，适时播种。

③对土壤进行消毒。用多菌灵配成药土垫床和覆种。具体方法如下：用10%多菌灵可湿性粉剂，每公顷用75kg与细土混合，药与土的比例为1∶200；也可用2%~3%硫酸亚铁溶液浇灌土壤来进行消毒。

④播种前用0.5%高锰酸钾溶液（60C）浸泡种子2h，对其消毒。

⑤幼苗出土后，可喷洒多菌灵50%可湿性粉剂500~1000倍液或喷1∶1∶120波尔多液，每隔10~15天喷洒1次。

根部病害的防治较其他病害困难，因为早期不易发现，失去了早期防治的机会。而且对于根部而言，侵染性病害与生理性病害容易混淆。在这种情况下，要采取针对性的防治措施是有困难的。

根部病害的发生与土壤的理化性质是密切相关的，这些因素包括土壤积水、黏重板结、土壤贫瘠、微量元素异常、pH 值过高或过低等。由于某一方面的原因就可导致树木生长不良，有时还可加重侵染性病害的发生。因此，在根部病害的防治上，选择适宜于树木生长的立地条件，以及改良土壤的理化性状，要作为一项根本性的预防措施。

四、常见树木虫害种类及其防治

园林树木害虫根据危害部位可划分为食叶害虫、蛀干害虫、枝梢害虫、种实害虫和地下害虫五类。

1. 食叶害虫

食叶害虫种类繁多，主要为鳞翅目的各种蛾类和蝶类，如鞘翅目的叶甲和金龟子、膜翅目的叶蜂等。其猖獗发生时能将叶片吃光，削弱树势，为蛀干害虫侵入提供适宜条件。多营裸露生活，受环境影响大，虫口密度变化大。

（1）叶蜂

1）形态特征。成虫体长 7.5mm 左右，翅黑色、半透明，头、胸及足有光泽，腹部橙黄色。幼虫体长 2.0mm 左右，黄绿色。蔷薇叶蜂一年可发生 2 代，以幼虫在土中结茧越冬，有群集习性。

2）危害特点。主要危害月季、蔷薇、黄刺玫、十姐妹、玫瑰等植物。常数十头群集于叶上取食，严重时可将叶片吃光，仅留粗叶脉。雄虫产卵于枝梢，可使枝梢枯死。

3）防治方法。

①人工连叶摘除孵化幼虫。

②冬季控虫消灭越冬幼虫。

③可喷施 80% 敌敌畏乳油 1000 倍液、90% 敌百虫 800 倍液、50% 杀螟松乳油 1000~1500 倍液、2.5% 溴氰菊酯乳油 2000~3000 倍液。

（2）大蓑蛾

1）形态特征。雄成虫无翅，蛆状，体长约 25mm。雄成虫有翅，体长为 5~17mm，褐色。幼虫头部赤褐色或黄褐色，中央有白色"人"字纹，胸部各节背面黄褐色，上有黑褐色斑纹。幼虫、雌成虫外有皮囊，外附有碎叶片和少数枝梗。大蓑蛾一年发生 1 代，以老熟幼虫在皮囊内越冬。

2）危害特点。主要危害梅花、樱花、桃花、石榴、蔷薇、月季、紫薇、桂花、蜡梅、山茶、悬铃木等树木。其幼虫取食植物叶片，可将叶片吃光只残存叶脉，影响被害植株的生长发育。雄蛾有趋光性。

3）防治方法。

①初冬人工摘除植株上的越冬虫囊。

②幼虫孵化初期喷 90% 敌百虫 1000 倍液，或 80% 敌敌畏乳油 800 倍液，或 50% 杀螟松乳油 800 倍液。

（3）拟短额负蝗

1）形态特征。拟短额负蝗又称小绿蚱蜢、小尖头蚱蜢。虫体长约 20mm，淡绿或黄褐色，梭状，前翅革质，淡绿色，后翅膜质透明。若虫体小、无翅，卵黄褐色到深黄色。拟短额负蝗一年可发生 3 代左右，以卵块在土壤越冬。

2）危害特点。拟短额负蝗主要危害月季、茉莉、桃叶珊瑚、扶桑等花木。成虫和若虫均可咬食叶片，造成孔洞或缺刻，严重时，可把叶片吃光只留枝干。该虫喜欢生活在植株茂盛、湿度较大的环境中。

3）防治方法。

①清晨进行人工捕捉，或用纱网兜捕杀。

②冬季深翻土壤暴晒或用药剂消毒，减少虫卵。

③喷施 50% 杀螟松乳油 1000 倍液，或 90% 敌百虫 800 倍液，或 80% 敌敌畏乳油 1000 倍液。

（4）刺蛾类

1）形态特征。成虫体长 15cm 左右。头和胸部背面金黄色，腹部背面黄褐色，前翅内半部黄色，外半部褐色，后翅淡黄褐色。幼虫黄绿，背面有哑铃状紫红色斑纹。

2）危害特点。刺蛾类主要危害紫薇、月季、海棠、梅花、茶花、桃、梅、白兰花等树木。黄刺蛾一年发生 1~2 次，以老熟幼虫在受害枝干上结茧越冬，以幼虫啃食造成危害。严重时叶片吃光，只剩叶柄及主脉。

3）防治方法。

①灯光诱杀成虫。

②人工摘除越冬虫茧。

③在初龄幼虫期喷 80% 敌敌畏乳油 1000 倍液，或 25% 亚胺硫磷乳油 1000 倍液，或 2.5% 溴氰菊酯乳油 4000 倍液。

2. 枝梢害虫

枝梢害虫种类繁多，为害隐蔽，习性复杂。从危害特点大体可分为刺吸类和钻蛀类两大类。下面主要介绍前者。

（1）介壳虫类

1）形态特征。介壳虫有数十种之多，常见的有吹绵蚧、粉蚧、长白蚧、日本龟蜡蚧、角蜡蚧、红蜡蚧等。介壳虫是小型昆虫，体长一般 1~7mm，最小的只有 0.5mm，大多数虫体上被有蜡质分泌物，繁殖迅速。

2）危害特点。介壳虫类主要危害金柑、含笑、丁香、夹竹桃、木槿、枸骨、珊瑚树、月桂、大叶黄杨、海桐等。介壳虫常群聚于枝叶及花蕾上吸取汁液，造成枝叶枯萎甚至死亡。

3）防治方法。

①少量的可用棉花球蘸水抹去或用刷子刷除。

②剪除虫枝虫叶，集中烧毁。

③注意保护寄生蜂和捕食性瓢虫等介壳虫的寄生天敌。

④在产卵期，喷雾 1~2 次。

（2）蚜虫类

1）形态特征。蚜虫类主要有桃蚜和棉蚜、月季长管蚜、梨二叉蚜、桃瘤蚜等。蚜虫个体细小，繁殖力很强，能进行孤雌生殖，在夏季 4~5 天就能繁殖一个世代，一年可繁殖几十代。

2）危害特点。蚜虫类主要危害桃、梅、木槿、石榴等树木。蚜虫积聚在新叶、嫩芽及花蕾上，以刺吸式口器刺入植物组织内吸取汁液，使受害部位出现黄斑或黑斑，受害叶片皱曲、脱落，花蕾萎缩或畸形生长，严重时可使植株死亡。蚜虫能分泌蜜露，招致细菌生长，诱发煤烟病等病害。此外还能在蚊母树、榆树等树种上形成虫瘿。

3）防治方法。

①通过清除附近杂草，冬季在寄主植物上喷 3°~5° Be 的石硫合剂，消灭越冬虫卵或萌芽时喷 0.3°~0.5° Be 石硫合剂杀灭幼虫。

②喷施乐果或氧化乐果 1000~1500 倍液，或杀灭菊酯 2000~3000 倍液，或 2.5%鱼藤精 1000~1500 倍液，一周后复喷一次杀灭幼虫。

③注意保护瓢虫、食蚜蝇及草蛉等天敌。

（3）叶螨（红蜘蛛）

1）形态特征。叶螨主要有朱砂叶螨、柑橘全爪螨、山楂叶螨、草果叶螨等，叶螨个体小，体长一般不超过 1mm，呈圆形或卵圆形，橘黄或红褐色，可通过两性生殖或孤雌生殖进行繁殖。繁殖能力强，年可达十几代。

2）危害特点。叶螨主要危害茉莉、月季、扶桑、海棠、桃、金柑、杜鹃、茶花等树木。以雌成虫或卵在枝干、树皮下或土缝中越冬，成虫、若虫用口器刺入叶内吸呛汁液，被害叶片叶绿素受损，叶面密集细小的灰黄点或斑块，严重时叶片枯黄脱落，甚至因叶片落光造成植株死亡。

3）防治方法。

①冬季清除杂草及落叶以消灭越冬虫源。

②个别叶片上有灰黄斑点时，可摘除病叶，集中烧毁。

③虫害发生期喷 20% 双甲脒乳油 10000 倍，20% 三氯杀螨砜 800 倍液，或 40%三氯杀螨醇乳剂 2000 倍液，每 7~10 天喷一次，共喷 2~3 次。

④保护深点食螨瓢虫等天敌。

（4）蓟马

1）形态特征。蓟马主要有花蓟马、中华管蓟马、日本蓟马等。蓟马体小细长，体长一般为 0.5~0.8cm。若虫喜群集取食，成虫分散活动。

2）危害特点。蓟马主要危害月季、山茶、柑橘等树木。若虫和成虫刺吸花器、嫩叶或嫩梢的汁液，受害部位呈灰白色的点状。

3）防治方法。

①清除苗圃的落叶、杂草，消灭越冬虫源。

②用 80% 敌敌畏乳油，或 2.5% 溴氰菊酯乳油熏蒸或者拉硫磷等。

（5）绿盲蝽

1）形态特征。成虫体长 5mm 左右，绿色，较扁平，前胸背板深绿色，有许多小黑点，小盾片黄绿色，翅革质部分全为绿色，膜质部分半透明，呈暗灰色。一年发生 5 代左右，以卵在木槿、石榴等植物组织的内部越冬。

2）危害特点。主要危害月季、紫薇、木槿、扶桑、石榴、花桃等树木。成虫或若虫用口针刺害嫩叶、叶芽、花蕾，被害的叶片出现黑斑或孔洞，发生扭曲皱缩。花蕾被刺后，受害部位渗出黑褐色汁液，叶芽嫩尖被害后，呈焦黑色，不能发叶。该虫在气温 20℃、相对湿度 80% 以上时发生严重。

3）防治方法。

①清除苗圃内及其周围的杂草，减少虫源。

②用 80% 敌敌畏乳油 1000 倍液或 40% 氧化乐果乳液 1000 倍液、50% 杀螟松乳油 1000 倍液、50% 辛硫磷乳油 2000 倍液、50% 杀灭菊酯 20003000 倍液、50% 二溴磷乳油 1000 倍液喷雾防治。

（6）蚱蝉

1）形态特征。成虫体长约 4cm，黑色有光泽，被金色细毛，头部前面有金黄色斑纹，中胸背板呈"x"形隆起，棕褐色，翅膜质透明，基部黑色，卵乳白色，菱形。若虫黄褐色，长椭圆形。12 天左右发生 1 代。

2）危害特点。蚱蝉主要危害白玉兰、梅花、桃花、桂花、蜡梅、木槿等树木。其若虫吸食植物根汁液。雌成虫可将产卵器插在枝干上产卵，造成枝条干枯。

3）防治方法。

①人工捕杀刚出土的老熟幼虫或刚羽化的成虫。

②8、9月份及时剪除产卵枝，集中烧毁。

③利用熬黏的桐油粘捕成虫。

（7）叶蝉

1）形态特征。成虫体长约 3mm，外形似蝉，黄绿色或黄白色，可行走、跳跃，非常活跃。若虫黄白色，常密生短细毛。一年可发生 5~6 代，以成虫在侧柏等常绿树上或杂草丛中越冬。

2）危害特点。叶蝉主要危害碧桃、樱桃、梅、李、杏、牡丹、月季等树木。其若虫或成虫用嘴刺吸汁液，使叶片出现淡白色斑点，危害严重时斑点呈斑块状，或刺伤表皮，使枝条叶片枯萎。

3）防治方法。

①冬季清除苗圃内的落叶、杂草，减少越冬虫源。

②利用黑光灯诱杀成虫。

③可喷施 50% 杀螟松乳油 1000 倍液或 90% 敌百虫 1000 倍液。

3. 蛀干害虫

蛀干害虫包括鞘翅目的小蠹、天牛、吉丁虫、象甲，鳞翅目的木蠹蛾、透翅蛾，膜翅目的树蜂等。多危害衰弱木，生活隐蔽，防治困难，树木一旦受害很难恢复。

（1）天牛类

1）形态特征。天牛类蛀干害虫主要有菊小筒天牛、桃红颈天牛、双条合欢天牛、星天牛等。各种天牛形态及生活习性均差异较大。成虫体长 9~40mm，多呈黑色，一年或 2~3 年发生一代。

2）危害特点。天牛类蛀干害虫主要危害菊花、梅花、桃花、海棠、合欢、核桃等树木。幼虫或成虫在根部或树干蛀道内越冬，卵多产在主干、主枝的树皮缝隙中，幼虫孵化后，蛀入木质部危害树木。蛀孔处堆有锯末和虫粪。受害枝条枯萎或折断。

3）防治方法。

①人工捕杀成虫。成虫发生盛期也可喷 5% 西维因粉剂或 90% 敌百虫 800 倍液。

②成虫产卵期，经常检查树体枝条，发现虫卵及时刮除。

③用铁丝钩杀幼虫或用棉球蘸敌敌畏药液塞入洞内毒杀幼虫。

④成虫发生前，在树干和主枝上涂白涂剂，防止成虫产卵。白涂剂用生石灰 10 份、硫黄 1 份、食盐 0.2 份、兽油 0.2 份、水 40 份配成。

（2）木蠹蛾类

1）形态特征。

木蠹蛾类蛀干害虫主要有小木蠹蛾、日本木蠹蛾等。成虫体灰白色，长 5~28mm。触角黑色，丝状，胸部背面有 3 对蓝青色斑，翅灰白色，半透明。幼虫红褐色，头部淡褐色。一年发生 1~2 代，以幼虫形式在枝条内越冬。

2）危害特点。

木蠹蛾类蛀干害虫主要危害石榴、月季、樱花、山茶、木槿等树木。以幼虫蛀入茎部为害，造成枝条枯死、植株不能正常生长开花，或茎干蛀空而折断。

3）防治方法。

①剪除受害嫩枝、枯枝，集中烧毁。

②用铁丝插入虫孔，钩出或刺死幼虫。

③孵化期喷施 40% 氧化乐果、80% 敌敌畏乳油 1000 倍液或 50% 杀螟松乳油 1000 倍液。

4. 地下害虫

地下害虫又称根部害虫，常危害幼苗、幼树根部或近地面部分，种类较多。常见的有鳞翅目的地老虎类、鞘翅目的（金龟子幼虫）类和金针虫（叩头虫幼虫）类、直翅目的蟋蟀类和蝼蛄类、双翅目的种蝇类等，以下介绍主要危害树木的金龟子类。金龟子有铜绿金龟子、白星金龟子、小青花金龟子、苹毛金龟子、东方金龟子、茶色金龟子等。

（1）形态特征。体卵圆或长椭圆形，鞘翅铜绿色、紫铜色、暗绿色或黑色等，多有光泽。金龟子一年发生 1 代，以幼虫在土壤内越冬。

（2）危害特点。可危害樱花、梅花、桃、木槿、月季、海棠等树木。成虫主要夜晚活动，有趋光性，为害部位多为叶片和花朵，严重时可将叶片和花朵吃光。

（3）防治方法。

1）利用黑光灯诱杀成虫。

2）利用成虫假死性，可于黄昏时人工捕杀成虫。

3）喷施 40% 氧化乐果乳油 1000 倍液，或 90% 敌百虫 800 倍液。

结　语

在社会快速发展的时代，对生态环境的需求不断增加，以提高生活质量，促进城市发展。加强城市园林绿化具有十分重要的现实意义，可以使城市更加美丽，改善人民生活条件，净化空气。园林绿化业务系统化、烦琐化，各个环节环环相扣，如果其中一个出现问题，将影响整个工程建设效果。在现阶段，园林绿化工程涉及多方面的问题，可能导致建筑质量不会达到预期的要求。工作人员必须控制施工过程，以减少意外问题对整个施工质量的影响。绿化施工中的养护管理是为最终的展现成果服务的，是展现设计施工效果、提高苗木成活率、保证城市绿化率的关键举措。

园林绿化养护工作属于一项长期性工程，需要根据园林生长情况和植被覆盖情况及时进行灌溉、修整、病虫害防治等，只有保证管理工作的专业化开展，才能有效提升园林绿化施工和养护水平。因此，必须加强园林绿化工程后期养护管理工作，确保工程质量。在园林绿化施工结束后，专门成立养护班负责该工程的后期养护管理。

园林绿化工程管理有较强的实践性，不仅要求管理人员掌握科学的工程原理，还必须具备良好的现场施工指导能力。要加强园林施工工程的管理，注意工程的组织性、严格把好工程的质量关、加强后期的管理与养护，才能在保证工程质量的前提下，较好地把园林工程的科学性、技术性、艺术性等有机地结合起来，打造出经济、实用、美观的园林作品。

园林绿化施工与养护管理工作是一项繁杂的、持续时间长的工作，优秀的园林建设能提高城市的形象、推进城市的发展，为了园林绿化施工与养护管理工作能够做得更好，应该对园林绿化工作和养护管理工作采取有效的措施，不停地提高其水平，推动园林绿化的可持续发展。

参考文献

[1] 刘栋睿. 风景园林绿化工程的现场施工与管理研究 [J]. 房地产世界, 2021（22）: 50-52.

[2] 刘亚南. 简析园林绿化工程施工与养护管理 [J]. 居业, 2021（08）: 163-164.

[3] 蓝炎阳. 风景园林绿化工程施工与养护管理存在问题及对策探讨 [J]. 居舍, 2021（15）: 113-114+142.

[4] 白永星. 浅析园林绿化工程施工与养护管理 [J]. 农业科技与信息, 2021（08）: 52-54.

[5] 李洁, 霍尧. 园林绿化工程的施工管理与养护技术 [J]. 现代园艺, 2021, 44（07）: 181-182+184.

[6] 张生银, 范文静. 园林绿化工程施工与养护管理 [J]. 新农业, 2021（05）: 42-43.

[7] 孙妍, 王鑫峰. 风景园林绿化工程施工与养护管理存在问题及对策探讨 [J]. 居舍, 2021（07）: 109-110.

[8] 胥树华. 城市园林绿化工程管理存在问题及对策探讨 [J]. 浙江园林, 2020（04）: 13-14.

[9] 汪毅. 园林绿化工程施工与养护管理措施简析 [J]. 南方农业, 2020, 14（33）: 54-55.

[10] 马建坚. 风景园林绿化工程施工与养护管理存在问题及对策探讨 [J]. 砖瓦, 2020（11）: 94-95.

[11] 张振敏. 风景园林绿化工程施工与养护管理存在问题及对策探讨 [J]. 种子科技, 2020, 38（15）: 111+113.

[12] 李媛. 园林绿化工程施工与养护管理 [J]. 住宅与房地产, 2020（23）: 124+127.

[13] 郭云峰. 园林绿化工程施工与养护管理分析 [J]. 农村实用技术, 2020（06）: 190-191.

[14] 屠君. 常州市园林绿化管理研究 [D]. 南京林业大学, 2020.

[15] 王永远.园林绿化工程的施工与养护技术研究 [J].种子科技，2020，38（09）：47+49.

[16] 姜扬.盐城市园林绿化管理面临的问题及对策研究 [D].中国矿业大学，2020.

[17] 解国志.园林绿化工程施工与养护管理要点 [J].吉林蔬菜，2020（01）：65-66.

[18] 李飞.园林绿化工程施工与养护管理的研究 [J].花卉，2019（24）：122-123.

[19] 桑英伟.园林绿化工程施工与养护管理方式解析 [J].种子科技，2019，37（14）：71+74.

[20] 杨严文.园林绿化工程施工与养护管理简析 [J].大众标准化，2019（11）：77-78.

[21] 刘复丹.园林绿化工程施工与养护管理措施 [J].现代园艺，2019，42（17）：180-181.

[22] 师卫华，季珏，张琰，赵鸣.城市园林绿化智慧化管理体系及平台建设初探 [J].中国园林，2019，35（08）：134-138.

[23] 杨泮盼.园林绿化工程施工与养护管理措施 [J].南方农业，2019，13（12）：56-57.

[24] 杨晓.园林绿化工程施工与养护管理策略研究 [J].工程技术研究，2019，4（05）：148-149.

[25] 高维杰，杨洪泉.园林绿化工程施工与养护管理措施 [J].农家参谋，2019（05）：116.

[26] 张维国，陈达.园林绿化工程施工与养护管理措施 [J].城市建设理论研究（电子版），2018（36）：193.

[27] 张主高.园林绿化工程施工与养护管理策略研究 [J].农村经济与科技，2018，29（22）：47+49.

[28] 王晨.城市园林绿化工程成本管理问题研究 [D].西北农林科技大学，2018.

[29] 张春燕.园林绿化工程施工与养护管理策略探讨 [J].价值工程，2018，37（24）：15-16.

[30] 程浩，满在峰.园林绿化工程的施工与养护技术浅析 [J].绿色环保建材，2018（05）：247.

[31] 陈林敏.新公共管理视域下温州市鹿城区城市园林绿化管理研究 [D].福建农林大学，2017.

[32] 陆乐.论园林绿化工程施工与养护管理策略 [J].绿色环保建材，2017（05）：215.

[33] 刘忠岳 . 平阴县孝直镇驻地园林绿化工程项目管理研究 [D]. 华北水利水电大学，2017.

[34] 芦诗惠 . 南昌市城市园林绿化管理问题研究 [D]. 南昌大学，2016.

[35] 韦标 . 试论园林绿化工程施工与养护管理 [J]. 科学之友，2011（06）：112-113.